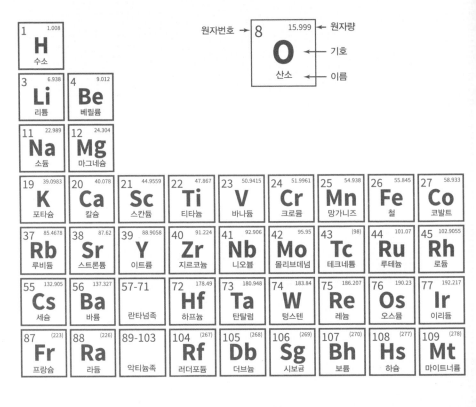

원자번호 → | 8 | 15.999 ← 원자량
O ← 기호
산소 — 이름

| 1 1.008 **H** 수소 | | | | | | | | | | | | | | | | | |

| 3 6.938 **Li** 리튬 | 4 9.012 **Be** 베릴륨 |

| 11 22.989 **Na** 소듐 | 12 24.304 **Mg** 마그네슘 |

| 19 39.0983 **K** 포타슘 | 20 40.078 **Ca** 칼슘 | 21 44.9559 **Sc** 스칸듐 | 22 47.867 **Ti** 티타늄 | 23 50.9415 **V** 바나듐 | 24 51.9961 **Cr** 크로뮴 | 25 54.938 **Mn** 망가니즈 | 26 55.845 **Fe** 철 | 27 58.933 **Co** 코발트 |

| 37 85.4678 **Rb** 루비듐 | 38 87.62 **Sr** 스트론튬 | 39 88.9058 **Y** 이트륨 | 40 91.224 **Zr** 지르코늄 | 41 92.906 **Nb** 니오븀 | 42 95.95 **Mo** 몰리브데넘 | 43 (98) **Tc** 테크네튬 | 44 101.07 **Ru** 루테늄 | 45 102.9055 **Rh** 로듐 |

| 55 132.905 **Cs** 세슘 | 56 137.327 **Ba** 바륨 | 57-71 란타넘족 | 72 178.49 **Hf** 하프늄 | 73 180.948 **Ta** 탄탈럼 | 74 183.84 **W** 텅스텐 | 75 186.207 **Re** 레늄 | 76 190.23 **Os** 오스뮴 | 77 192.217 **Ir** 이리듐 |

| 87 (223) **Fr** 프랑슘 | 88 (226) **Ra** 라듐 | 89-103 악티늄족 | 104 (267) **Rf** 러더포듐 | 105 (268) **Db** 더브늄 | 106 (269) **Sg** 시보금 | 107 (270) **Bh** 보륨 | 108 (277) **Hs** 하슘 | 109 (278) **Mt** 마이트너륨 |

란타넘족

| 57 138.905 **La** 란타넘 | 58 140.116 **Ce** 세륨 | 59 140.908 **Pr** 프라세오디뮴 | 60 144.242 **Nd** 네오디뮴 | 61 (145) **Pm** 프로메튬 | 62 150.36 **Sm** 사마륨 | 63 151.964 **Eu** 유로퓸 |

악티늄족

| 89 (227) **Ac** 악티늄 | 90 232.0377 **Th** 토륨 | 91 231.036 **Pa** 프로트악티늄 | 92 238.029 **U** 우라늄 | 93 (237) **Np** 넵투늄 | 94 (244) **Pu** 플루토늄 | 95 (243) **Am** 아메리슘 |

| 2 4.0026 He 헬륨 |

| 5 10.806 B 붕소 | 6 12.0096 C 탄소 | 7 14.0064 N 질소 | 8 15.999 O 산소 | 9 18.998 F 플루오린 | 10 20.1797 Ne 네온 |

| 13 26.9815 Al 알루미늄 | 14 28.084 Si 실리콘 | 15 30.974 P 인 | 16 32.059 S 황 | 17 35.446 Cl 염소 | 18 39.948 Ar 아르곤 |

| 28 58.6934 Ni 니켈 | 29 63.546 Cu 구리 | 30 65.38 Zn 아연 | 31 69.723 Ga 갈륨 | 32 72.630 Ge 저마늄 | 33 74.922 As 비소 | 34 78.971 Se 셀레늄 | 35 79.901 Br 브로민 | 36 83.798 Kr 크립톤 |

| 46 106.42 Pd 팔라듐 | 47 107.8682 Ag 은 | 48 112.414 Cd 카드뮴 | 49 114.818 In 인듐 | 50 118.710 Sn 주석 | 51 121.760 Sb 안티모니 | 52 127.60 Te 텔루륨 | 53 126.904 I 아이오딘 | 54 131.293 Xe 제논 |

| 78 195.084 Pt 백금 | 79 196.967 Au 금 | 80 200.592 Hg 수은 | 81 204.382 Tl 탈륨 | 82 207.2 Pb 납 | 83 208.980 Bi 비스무트 | 84 (209) Po 폴로늄 | 85 (210) At 아스타틴 | 86 (222) Rn 라돈 |

| 110 (281) Ds 다름슈타튬 | 111 (282) Rg 뢴트게늄 | 112 (285) Cn 코페르니슘 | 113 (286) Nh 니호늄 | 114 (289) Fl 플레로븀 | 115 (290) Mc 모스코븀 | 116 (293) Lv 리버모륨 | 117 (294) Ts 테네신 | 118 (294) Og 오가네손 |

| 64 157.25 Gd 가돌리늄 | 65 158.925 Tb 터븀 | 66 162.500 Dy 디스프로슘 | 67 164.930 Ho 홀뮴 | 68 167.259 Er 어븀 | 69 168.934 Tm 툴륨 | 70 173.045 Yb 이터븀 | 71 174.9668 Lu 루테튬 |

| 96 (247) Cm 퀴륨 | 97 (247) Bk 버클륨 | 98 (251) Cf 캘리포늄 | 99 (252) Es 아인슈타이늄 | 100 (257) Fm 페르뮴 | 101 (258) Md 멘델레븀 | 102 (259) No 노벨륨 | 103 (266) Lr 로렌슘 |

원소 이야기

원소 이야기

초판 1쇄 발행 2022년 7월 5일
초판 4쇄 발행 2024년 5월 30일

지은이 팀 제임스 / **옮긴이** 김주희

펴낸이 조기흠
책임편집 이수동 / **기획편집** 박의성, 최진, 유지윤, 이지은, 김혜성, 박소현
마케팅 박태규, 홍태형, 임은희, 김예인, 김선영 / **제작** 박성우, 김정우
교정교열 김진경 / **디자인** 리처드파커 이미지웍스

펴낸곳 한빛비즈(주) / **주소** 서울시 서대문구 연희로2길 62 4층
전화 02-325-5506 / **팩스** 02-326-1566
등록 2008년 1월 14일 제 25100-2017-000062호

ISBN 979-11-5784-590-3 03430

이 책에 대한 의견이나 오탈자 및 잘못된 내용은 출판사 홈페이지나 아래 이메일로 알려주십시오.
파본은 구매처에서 교환하실 수 있습니다. 책값은 뒤표지에 표시되어 있습니다.

⌂ hanbitbiz.com ✉ hanbitbiz@hanbit.co.kr ▪ facebook.com/hanbitbiz
◪ post.naver.com/hanbit_biz ▶ youtube.com/한빛비즈 ◉ instagram.com/hanbitbiz

지금 하지 않으면 할 수 없는 일이 있습니다.
책으로 펴내고 싶은 아이디어나 원고를 메일(hanbitbiz@hanbit.co.kr)로 보내주세요.
한빛비즈는 여러분의 소중한 경험과 지식을 기다리고 있습니다.

원소 Elemental 이야기

팀 제임스 지음 | **김주희** 옮김

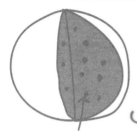

yummy electrons inside

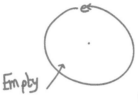

Empty

Oh dear.

Carbon

Boron

물·불·흙·공기부터 우리의 몸과 문명까지
세상을 만들고 바꾼 118개 원소의 특별한 연대기

HB 한빛비즈
Hanbit Biz, Inc.

차례

현실을 요리하는 법

140억 년 전 우리의 우주가 시작되었다. 그 전에 어떠한 일이 있었는지는 아무도 알지 못한다. 인간은 단지 우주가 모든 방향으로 팽창하기 시작하여 그 이후로도 계속 팽창이 진행 중이라는 것만 안다.

빅뱅이 일어난 직후 수십억 분의 1초 동안은 태양보다 수백만 배 더 뜨거운 온도에서 반짝이며 부글대는 입자들로 이루어진 수프였다. 그 모든 것들이 널리 퍼져나가면서 온도가 낮아지고, 입자가 안정화되고, 원소가 탄생했다.

원소는 자연이 우주를 요리하는 데 사용하는 재료이자 가장 순수한 물질이다. 요컨대 이 세상의 만물을 구성한다. 원소와 그 쓰임새를 연구하는 학문을 우리는 화학이라 부르는데 슬프게도 이 단어는 많은 사람에게 불길함을 안겨준다.

건강을 다루는 인기 웹사이트에서 한 작가가 최근 '우리가 먹는 음식에 포함된 화학물질'에 대해 불평했다. 그러면서 '화학물질 없는 식단'을 유지하려면 무엇을 해야 하는지 설명했다. 이 같은 가짜 뉴스를 퍼뜨리는 사람들은 화학물질이 실험복을 입은 미친 과학자가 만든 독극물이라 생각하는 모양인데, 이는 지극히 편협한 시각이다. 화학물질이란 시험관에 담겨 거품을 뿜어대는 액체가 아니라 시험관 그 자체다.

몸에 걸친 옷과 들이마시는 공기, 그리고 여러분이 읽는 이 책도 전부 화학물질이다. 음식에 화학물질이 포함되지 않기를 바랐어도 이미 돌이킬 수 없다. 음식 자체가 화학물질이다.

수소 원소와 산소 원소를 2 대 1로 섞는다고 가정하자. 그 결과물을 과학적 방식으로 표기하면 H_2O, 즉 세상에서 가장 유명한 화학물질인 물이 된다. 물에 탄소를 조금 넣으면 가정에서 사용하는 식초 $C_2H_4O_2$가 된다. 여기서 각 원소 개수에 3을 곱하면 설탕이라는 이름으로 더 유명한 $C_6H_{12}O_6$가 나온다.

요리와 화학 사이에는 차이점이 하나 있다. 요리는 어떤 채소를 쓰는지 궁금해하는 반면, 화학은 채소 자체가 무엇으로 만들어졌는지 알아내려 한다는 점이다. 특정 대상을 이루는 원소를 파악하면 우리는 아무 제약 없이 그 대상을 설명할 수 있다. 다음에 표기된 괴상한 물질을 살펴보자.[1]

$$H_{375,000,000}O_{132,000,000}C_{85,700,000}N_{6,430,000}Ca_{1,500,000}P_{1,020,000}S_{206,000}Na_{183,000}$$
$$K_{177,000}Cl_{127,000}Mg_{40,000}Si_{38,600}Fe_{2,680}Zn_{2,110}Cu_{76}I_{14}Mn_{13}F_{13}Cr_7Se_4Mo_3Co_1$$

독성 폐기물 수거함 속 물질을 표현한 것처럼 보이지만 이는 인간을 나타낸 화학식이다. 각 숫자에 700조를 곱해야 정확한 원소 개수가 되지만 이 숫자들의 비율은 인체 하나를 구성하는 화학물질의 비율과 일치한다. 그러니 누군가가 화학물질 탓에 불안하다고 이야기하면 그들을 안심시키도록 하자. 인간 자체가 화학물질이다.

화학은 우중충한 실험실에서만 일어나는 관념적 현상이 아니다. 인류를 둘러싼 모든 공간과 우리 온몸에 화학이 있다.

따라서 화학을 이해하려면 실험실 벽에 붙어 있던, 무시무시한 그림으로 기억하고 있을 주기율표를 이해해야 한다. 촘촘하게 나뉜 표와 기호, 숫자로 빼곡한 주기율표가 여러분을 위협적으로 응시한다. 그러나 주기율표는 원소 목록에 지나지 않으며 읽는 법을 터득하면 우주를 탐구하는 데 큰 도움을 주는 협력자가 된다.

주기율표가 이해하기 어렵고 복잡한 건 사실이지만 이는 자연도 마찬가지다. 파악하기 힘들고 까다롭기에 자연은 아름답고, 연구할 가치가 있다.

· 1장 ·

원소 사냥에 뛰어든 천재들

세상에서 가장 불이 잘 붙는 물질

화학은 인류가 물질에 불을 붙이는 반응을 터득하면서 시작되었다. 인간은 불을 피우고 조절하는 능력을 이용해 사냥하고, 요리하고, 포식자의 접근을 막고, 겨울을 따뜻하게 지내고, 원시적인 도구를 만들었다. 초반에는 나무나 지방으로 이루어진 물질을 태웠으나 점차 대부분의 물질이 가연성인 것을 알게 되었다.

물질은 반응성 높은 원소인 산소oxygen와 접촉하면서 불이 붙는다. 하지만 산소와 접해 있다고 해서 항상 불이 붙는 것은 아니다. 산소가 반응하려면 에너지가 필요하기 때문이다. 그래서 불을 피우려면 어느 정도의 열이나 마찰이 필요하다. 즉 산소에 불을 붙이려면 열을 가해야 한다.

지금까지 인간이 개발한 가장 불이 잘 붙는 화학물질은 1930년에 오토 러프Otto Ruff와 허버트 크루그Herbert Krug라는 두 과학자가 개발한 삼플루오르화염소chlorine trifluoride: ClF₃다.[1] 이것은 사용하기가 산소보다 훨씬 까다롭다.

염소chlorine와 플루오린fluorine을 1 대 3 비율로 섞어서 만든 삼플루오르화염소, 즉 ClF₃는 난연제를 포함한 모든 물질에 닿기만 해도 불이 붙는 것이 특징이다.

ClF₃는 상온에서 녹색 액체지만 가열하면 무색 기체가 되어 유리나 모래에 불을 붙인다. 소방복 소재인 케블라kevlar와 석면도 태울 수 있다. 심지어 물에도 불을 붙여 플루오린화수소hydrofluoric acid 기체를 방출한다.[2] ClF₃는 접촉하는 거의 모든 물질에 불을 붙이는 불편한 성질이 있어서 거의 사용되지 않는다.

ClF₃가 가장 큰 규모로 폭발한 사고는 루이지애나주의 어느 화학 공장에서 알려지지 않은 날짜에 발생했다. 밀폐된 금속 용기에 담긴 ClF₃ 1톤이 금속과의 반응을 막기 위해 냉장 상태로 공장을 가로질러 운반되고 있었다. 그러나 차가운 온도로 인해 금속 용기에 금이 가면서 내용물이 사방으로 쏟아졌다. 순식간에 흐른 ClF₃는 콘크리트 바닥에 불을 붙였고, 땅속으로 1미터 넘게 파고들어 태운 뒤에야 화재가 진압되었다. 금속 용기를 운반하던 남성은 심장마비로 사망한 채 사고 장소로부터 150미터 떨어진 곳에서 발견되었다. 이것이 '냉장' 삼플루오르화염소가 일으킨 사고다.[3]

1940년대에는 로켓연료로 활용하려는 목적으로 몇 가지 실험을 조심스럽게 진행하기도 했다. 그러다 ClF_3가 로켓 자체에 계속 불을 붙이는 바람에 프로젝트는 중단되었다.

ClF_3의 특성을 활용하기 위해 진지하게 접근한 사람은 나치 소속의 무기 연구자들뿐이었다.[4] 그들은 ClF_3를 화염방사기 연료로 쓴다는 아이디어를 냈다. 그러나 화염방사기에 불을 붙인 사람이 그 무기를 사용할 수 없는 상태가 된다는 게 문제였다.

이처럼 삼플루오르화염소는 물에 불을 붙일 뿐 아니라 나치조차도 써먹지 못했을 정도로 사악하다. 무엇이 이 물질을 그토록 불이 잘 붙게 만든 걸까?

정답은 플루오린이 산소와 매우 비슷한 방식으로 연소되지만 연소 반응에 필요한 에너지가 낮다는 데 있다. 플루오린은 주기율표에서 반응성이 가장 높은 원소다. 다른 화학물질을 분해하는 능력이 산소보다 뛰어나다. 이러한 플루오린을 두 번째로 반응성이 높은 원소인 염소와 결합시키면 별다른 도움 없이도 다른 물질을 불태우는 위험한 화합물을 얻게 된다.

물에서 나오는 불

그리스 철학자 헤라클레이토스Heracleitos는 불에 완전히 매료된 나머지 불이 현실을 구성하는 가장 순수한 물질이라 선언했다. 그에 따르면 만물은 어떠한 형태로 존재하든 불에서 탄생했다. 다시 말해 불은 원소였다.

불은 신비한 성질을 가진 듯 보이므로 한편으로는 그의 생각이 이해 간다. 그런데 헤라클레이토스는 풀만 먹고 지냈고, 사흘간 소똥으로 뒤덮인 외양간에 누워 수종병dropsy을 치료하려 했으나 몸에 묻은 소똥 탓에 개에게 물어뜯겼다.[5]

고대 세계 철학자들이 원소를 발견하기가 그토록 어려웠던 까닭은 순수한 상태로 존재하는 원소가 거의 없기 때문이다. 원소 대부분은 불안정하여 다른 원소와 결합해 화합물을 이룬다.

원소 간 결합은 싱글 모임과 비슷하다. 혼자서는 행복을 느끼지 못하는 사람이 다른 사람을 만나 안정된 쌍을 형성한다. 저녁이 끝날 무렵이면 대부분 짝을 이루어 전반적으로 안정감이 상승한다. 오직 금gold 같은 소수 부류만 싱글이라 해도 개의치 않고 본래 상태로 남아 있다.

자연에서 우리가 접하는 거의 모든 물질은 화합물이다. 식탁에 오른 소금이 겉으로는 순수한 물질처럼 보이겠지만 사실은 그렇지 않다. 소금은 원소 소듐sodium(나트륨)과 염소가 결합한 화합물이다.

소듐과 염소는 격렬하게 반응하는 원소다. 따라서 땅속에서 소듐 덩어리가 발견되거나 염소 구름이 바람에 실려 가는 풍경은 볼 수 없을 것이다. 더군다나 인류 문명이 시작되고 첫 1,000년간 개발된 열악한 도구로는 원소를 찾기가 사실상 불가능하다.

많은 원소가 놀랄 정도로 희귀하다는 사실도 원소 발견의 어려움에 한몫한다. 핵물리학 연구에 사용되는 원소 프로트악티늄protactinium을 보자. 전 세계로 공급되는 프로트악티늄은 모두 영국 원자력공사UK Atomic Energy Authority가 소유한 125그램에서 나온다.[6] 이처럼 온통 불리한 상황으로 둘러싸인 그리스 철학자들이 원소를 제대로 판별할 가능성은 없었다.

17세기 후반에 이르러서야 독일의 실험가 헤니히 브란트Hennig Brandt가 평범한 물질 안에 원소가 갇혀 있음을 증명했다. 우리가 순수하다고 생각했던 물질 대부분이 실제로는 순수하지 않다는 것이 밝혀졌다.

1669년 어느 날 밤 브란트는 연구실에서 어마어마한 양의 소변을 끓이고 있었다. 아마도 금빛 소변을 고체로 굳혀 큰돈을 벌어들이려는 속셈이었을 것이다.

분명 불쾌했을 그 작업을 여러 시간 동안 하자 흔히 토스트를 태우면 얻게 되는 시커먼 잔여물과 걸쭉한 빨간색 시럽이 나왔다. 그는 두 물질을 섞은 다음 한 번 더 가열했다. 그러자 말도 안 되는 일이 벌어졌다.

소변 시럽과 시커먼 잔여물이 섞인 혼합물에서 갑자기 왁스처럼 말랑말랑한 고체가 형성되었다. 그 고체는 청록색으로 빛나며 강한 마늘 냄새를 풍겼다. 게다가 가연성이 극도로 강했으며 불에 타면서 눈부시게 하얀빛을 냈다. 어찌된 일인지 알 수 없었으나 브란트는 물에서 불을 추출해냈다.

브란트는 자신이 발견한 화학물질에 그리스어로 '빛 운반자'라는 의미의 '인 phosphorus'이라는 이름을 붙이고, 이후 6년간 비밀 실험으로 시간을 보냈다. 그런데 6년 세월이 즐겁지는 않았다. 인 60그램을 얻기까지 소변 5.5톤을 끓여야 했기 때문이다.

결국 아내의 재산이 바닥나면서 브란트는 발견한 내용을 공개적으로 알리고, 다니엘 크라프트 Daniel Kraft에게 인을 팔기 시작했다. 크라프트는 대중에게 처음으로 과학을 전파한 인물 중 하나로 유럽 전역의 왕실과 과학 기관을 다니며 과학 실험을 선보였다.[7]

브란트는 인 추출법을 철저히 비밀에 부쳤다. 아무도 알아내지 못한 인 추출법은 늘 수수께끼로 남아 있었다. 따라서 그리 많은 오줌을 왜 가져가는지 설명하려면 그는 장황한 변명을 늘어놓아야 했다.

오늘날 우리는 브란트가 어떻게 인을 추출했는지 정확히 안다. 인체가 필요로 하는 인 섭취량은 하루에 0.5~0.8그램 정도다. 우리가 먹는 모든 음식에 인이 포함되어 있어 보통 필수 섭취량의 두 배 이상을 먹게 된다. 그 과잉 섭취량이 소변으로 배출되는데 브란트는 소변을 끓여 함유 물질 대부분을 제거해 인을 얻은 것이다.

브란트의 발견은 화학계에 기념할 만한 순간으로 남았다. 소변과 거기서 추출된 인의 특성이 현저히 다르다는 이유에서다. 소변은 어둠 속에서 빛을 내지 않지만 소변에는 분명 빛을 발하는 화학물질이 들어 있다. 그것은 화학물질이 눈에 띄지 않는 형태로 우리 주변에 숨어 있다는 증거였다. 원소는 멀리 있지 않았다.

불장난을 한 사나이들

18세기 초 독일 화학자 게오르크 슈탈Georg Stahl은 눈에 띄지 않는 원소가 평범한 물질을 만든다는 새로운 지식으로 무장하고, 불이 무엇인지 설명하러 나섰다.

금속은 불에 타면 색깔이 있는 가루를 남기는데 당시 사람들은 그 가루를 금속재calx라고 불렀다. 금속재는 불붙이기가 어렵기로 악명 높았다. 슈탈은 금속재는 이미 불이 제거된 원소라서 그렇다고 이유를 설명했다.

그의 가설에 따르면 가연성 물질은 열을 가하면 대기 중으로 빠져나가는 물질을 포함하고 있어서 불에 타고 난 뒤에는 재만 남는다. 슈탈은 빠져나간 그 물질에 그리스어 '태우다phlogizein'에서 유래한 플로지스톤phlogiston이라는 이름을 붙였다. 금속에 불이 붙으면 플로

지스톤이 빠져나가 금속재가 남는 것이라 주장했다.[8]

슈탈의 가설은 과거 화학 분야에 등장한 다른 가설들과 달리 실험이 가능하다는 측면에서 중요했다. 그의 가설이 옳다면 플로지스톤을 붙잡아 두고 금속재와 결합시켜 금속으로 재생할 수 있어야 한다. 반대로 가설이 틀렸음이 증명될 수도 있었다. 과연 그의 가설은 어느 방향으로 증명되었을까?

슈탈의 가설에 발생한 첫 번째 균열은 프랑스계 영국인 과학자 헨리 캐번디시Henry Cavendish가 냈다. 그는 극도로 수줍음을 타는 가구 수집광이었고, 중력에 대한 근거 제시를 도운 덕분에 물리학자들에게 사랑받았다. 화학계에 그가 남긴 가장 큰 업적은 철iron과 산성 물질을 이용한 일련의 실험이었다.

철에 산성 물질을 반응시키면 눈에 보이지 않는 기체가 방출되는데 캐번디시는 그 기체를 모았다. 처음에 그는 성공적으로 플로지스톤을 손에 넣었다고 생각했으나 그 후 이상한 점을 발견했다. 모아 놓은 기체가 쉽게 폭발한 것이다.[9] 물질의 연소가 플로지스톤이 빠져나간 결과라면 플로지스톤 자체에 왜 불이 붙는 걸까? 플로지스톤은 어떻게 자기 자신에게서 빠져나올까?

그보다 훨씬 이상한 현상도 발견되었다. 캐번디시가 모은 기체가 폭발하자(그는 그 기체를 가연성 공기라고 불렀다) 순수한 물이 생성되었다. 다른 물질에서 물이 만들어진다면 물 역시 원소가 아닐 것이다.

다음 미스터리는 1774년 영국의 신학자이자 화학자인 조지프 프리스틀리 Joseph Priestley가 수행한 실험에서 나왔다. 프리스틀리는 수은의 금속재(수은이 연소되고 남은 붉은 가루 물질)를 가지고 실험하면서 돋보기로 햇빛을 모아 금속재에 비추었다.[10]

프리스틀리는 빛을 비추는 동안 발생한 기체를 모았다. 그는 어떠한 물질이 평범하게 대기 중에 있을 때보다 그 기체 속에 놓였을 때 훨씬 불에 잘 탄다는 것을 발견했다. 발생한 기체는 정체가 무엇이든 간에 플로지스톤 제거에 능숙했다. 논리적으로 따지면 그 기체는 플로지스톤을 흡수하는 디플로지스톤(영어에서 접두어 디 de는 '제거'를 의미한다 - 옮긴이)을 일으켰으므로 프리스틀리는 그 기체를 '디플로지스톤 공기 dephlogisticated air'라고 불렀다.

프리스틀리의 실험보다 약 200년 앞서 폴란드 연금술사 미하우 셍지부이 Michał Sędziwój는 공기 중에 두 기체가 섞여 있음을 발견했다. 그중 하나는 '생명의 식량'이었고 나머지 하나는 쓸모없었다.[11] 이들 기체가 디플로지스톤 공기와 관련이 있을까?

프리스틀리는 상자에 디플로지스톤 공기를 담고 쥐 몇 마리를 넣었는데 쥐는 다치지 않고 잘 살아남았다. 게다가 자신의 몸으로 직접 실험한 결과 일반적인 공기보다 디플로지스톤 공기 속에서 호흡할 때 더욱 쾌감을 느꼈다. 셍지부이가 언급한 '생명의 식량'은 분명 디플로지스톤 공기였다.

또 프리스틀리는 식물이 호흡하면서 기체를 배출하여, 불이 났던 방 내부를 그 기체로 다시 채우는 것을 발견했다. 불에서 물이 나오고, 금속이 불을 일으키고, 식물은 공기를 내뿜는다. 대체 무슨 일이 일어나는 것일까?

질서를 부여하다

수수께끼의 답은 1775년 프리스틀리가 플로지스톤 실험 결과를 프랑스 화학자 앙투안 라부아지에Antoine Lavoisier와 공유하면서 나왔다.

라부아지에는 프랑스 정부의 세금징수원으로 일했으나 관심은 온통 과학에 쏠려 있었다. 프리스틀리의 실험에 흥미를 느낄 무렵 그는 금속재와 관련된 실험을 하고 있었는데,[12] 플로지스톤 가설도 함께 실험해보기로 했다. 물질의 연소가 플로지스톤이 빠져나간 결과라면 타고 남은 금속재는 원래 금속 무게보다 가벼워야 한다.

이전에 프리스틀리는 돋보기로 수은 금속재 실험을 한 다음 전후 무게 차이를 측정하려 했다. 그러나 18세기에는 정밀한 무게 측정 장치가 없었다. 수은재 1그램과 1.1그램을 구별한다고 생각해보자. 상당히 어려울 것이다.

라부아지에는 정확한 측정 결과를 얻기 위해 프리스틀리 실험의 규모를 키웠다. 1,000킬로그램과 1,100킬로그램의 무게 차이인 100 킬로그램은 맨눈으로도 구별할 수 있다. 라부아지에는 길이 2.7미터 짜리 돋보기를 제작해 접시를 가득 채운 수은재에 햇빛을 비추어 폭 발시켰다.[13]

명백한 결과가 도출되었다. 수은 금속재는 본래 금속 상태일 때보 다 무게가 더 나갔다. 모든 사람이 반대로 알고 있었다. 연소는 플로 지스톤을 제거하는 반응이 아니었다. 공기 중에서 무언가가 물질에 더해지는 과정이었다. 금속이나 인 같은 물질들은 원소였고, 연소 반응은 프리스틀리가 모은 기체와 원소가 결합하여 발생하는 현상 이었다.

하지만 탁월한 통찰력을 발휘한 라부아지에도 모든 면에서 완벽 하지는 않았다. 원래 시큼한 맛은 산성 물질에서 비롯되지만 그는 프리스틀리 기체가 원인이라고 잘못 판단했다. 라부아지에는 프리 스틀리 기체에 그리스어 '신맛을 만드는 것oxys-genes'에서 유래한 프 랑스어 oxygène이라는 이름을 붙였고, 이는 영어로 oxygen(산소)이 라 번역되었다.

헨리 캐번디시가 분리한 폭발성 기체는 프리스틀리 기체와 다른 원소였다. 이 기체는 가열하면 산소와 결합해 물을 생성했다. 라부 아지에는 이를 그리스어 '물을 만드는 자hydros-genes'에서 유래한 프

랑스어 hydrogène으로 명명했으며, 이는 영어 hydrogen(수소)으로 번역되었다.[14]

이처럼 새로운 각도로 원소를 바라보기 시작하자 방에 불이 나면 숨을 쉴 수 없는 이유도 설명되었다. 불에서 나오는 유독 물질 탓은 아니었다. 방 안 공기 중 일부분을 차지하는 산소가 불에 흡수되어 다른 기체만 남는 까닭이었다.

방에 남은 쓸모없는 기체는 극한 조건에서만 반응하는 것으로 밝혀졌다. 화약의 주요 성분 중 하나인 초석nitre, 硝石의 재료라는 점에서 정치인이자 화학자인 장 샤프탈Jean Chaptal이 그 기체에 프랑스어 nitrogène이라는 이름을 붙였다. 그리고 이는 영어로 nitrogen(질소)이라 번역되었다.

라부아지에 실험이 플로지스톤 개념에 사망 선고를 내린 것처럼 어떠한 가설이 틀렸음이 입증될 때마다 과학은 진보한다. 공기는 질소와 산소가 섞인 반응하지 않는 혼합물이었고, 물은 산소와 수소가 결합한 화합물이었으며, 불은 연소 가능한 화학물질과 산소 사이에 일어나는 반응이었다. 이들 중 그 무엇도 원소가 아니었다.

앙투안 라부아지에는 1794년 5월 단두대로 끌려갔다. 혁명 이전에 프랑스에서 세금징수원으로 일한 결과일 수도 있다. 그러나 혁명의 주역인 장 폴 마라Jean-Paul Marat의 열등한 과학을 비판한 행적 탓일 가능성이 상당히 크다. 단두대 처형은 위대한 지성이 맞이한 불운한 종말이지만 화학자 칼 셸레Carl Scheele가 겪은 불운에 비하면 아무것도 아니다.

화학사에서 가장 불운한 사나이

캐번디시, 라부아지에, 프리스틀리 같은 천재들이 새로운 과학의 시대를 열자 다른 과학자들도 원소 사냥에 뛰어들었다. 모든 과학자가 새로운 원소 발견의 영광을 누리기 원했지만 최초 발견자가 누구인지 정하기는 쉽지 않았다.

일부 원소들은 오래전부터 존재했기 때문에 누가 처음 발견했는지 알 수 없다. 3,000년 전에 쓰인 구약성서에는 금, 은silver, 철, 구리copper, 납lead, 주석tin, 황sulfur과 아마도 안티모니antimony일 것으로 추정되는 원소가 언급된다.[15]

실제 원소 샘플을 얻지는 못하고, 그러한 원소가 존재하리라는 예측만 한 경우도 있다. 요한 아르프베드손Johan Arfwedson은 페타라이트petalite 덩어리 안에 아직 밝혀지지 않은 원소가 있다고 예측했다. 그 원소를 그리스어로 바위rock를 뜻하는 리토스lithos라 불렀다. 실제 리튬lithium이 순수한 형태로 분리된 것은 1821년 윌리엄 브랜디William Brande에 의해서였다.[16]

혼란을 피하고 분쟁을 해결하기 위해 우리는 원소를 처음으로 발견한 사람이 아니라 순수한 상태로 분리한 사람을 주로 언급한다. 즉, 원소의 순수한 샘플을 처음 손에 넣은 사람에게 영광이 돌아가는 것이다. 이제 스웨덴 화학자 칼 셸레의 이야기를 들어보자.

1772년 셸레는 갈색 가루를 성공적으로 추출했다. 그 물질에 그리스어로 무겁다barys는 뜻의 바라이트baryte라는 이름을 붙였다. 그 가루에 어떤 원소(바륨barium)가 숨어 있다는 사실은 셸레도 알았지만 실제 순수한 형태로 원소를 분리해 이름을 알린 자는 험프리 데이비Humphry Davy였다.

1774년 셸레는 염소chlorine(녹색을 의미하는 그리스어 chloros에서 유래) 가스도 발견했으나 그것이 원소라는 사실은 미처 깨닫지 못했다. 결국 최초 염소 발견자의 영예도 1808년 험프리에게 돌아갔다.

같은 해인 1774년 셸레는 파이로루사이트pyrolusite(이산화망가니즈를 함유한 광물 – 옮긴이)도 발견했지만 거기서 순수한 망가니즈manganese를 추출하지는 못했다. 몇 달 후 요한 간Johan Gahn이 분리에 성공했다.

셸레는 1778년 몰리브데넘molybdenum이 있다는 사실도 알아냈다. 하지만 그때는 이미 페테르 엘름Peter Hjelm이 원소 분리에 성공한 뒤였다. 그리고 1781년에는 텅스텐tungsten의 존재를 유추했으나 순수한 원소를 손에 넣어 명예를 얻은 자는 파우스토 엘루야르Fausto Elhuyar였다.[17]

게다가 셸레는 프리스틀리보다 3년 앞선 1771년 산소를 발견했다. 하지만 논문 원고가 인쇄소에서 잠자는 동안 프리스틀리의 실험 결과가 먼저 출판되었다.[18]

화학 발전에 기여한 셸레의 공로를 기념하기 위해 사람들은 한 암석을 셸라이트scheelite라 부르기도 했다. 그러나 셸라이트의 공식 명칭이 나중에 텅스텐산칼슘calcium tungstate으로 바뀌면서 셸레의 이름은 역사책 한 귀퉁이로 밀려나고 말았다. 화학의 신이 있다면 그는 분명 셸레를 싫어한다.

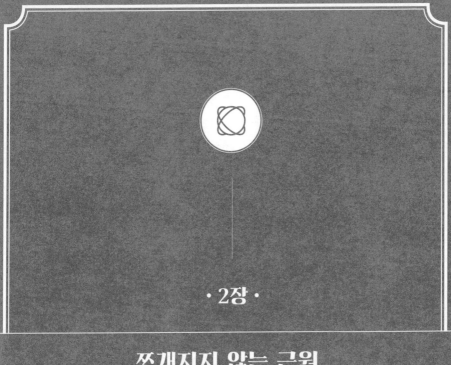

· 2장 ·

쪼개지지 않는 근원

다이아몬드, 땅콩, 그리고 유골

1812년 독일 화학자 프리드리히 모스Friedrich Mohs는 광물을 경도 기준으로 분류하기 위해 1부터 10까지의 척도를 고안했다. 이를테면 치아 에나멜은 5, 철은 4다. 두 숫자는 치아가 철 덩어리에는 자국을 남기지만 철은 치아에 흠집을 낼 수 없음을 의미한다. 그런데 실수로 경도가 7.5인 강철(탄소 불순물을 함유한 철)을 깨물면 후회할 상황이 벌어질 것이니 시험 삼아서라도 하지 말길 바란다.

다이아몬드는 당시 알려진 광물 가운데 흠집을 내기가 가장 어렵다는 이유로 경도 10이 주어졌다. 하지만 2003년 일본의 한 연구진이 초고경도 다이아몬드라는 훨씬 단단한 광물을 개발하는 데 성공하면서 다이아몬드는 왕좌에서 내려왔다.

다이아몬드는 지하에서 석탄(화석화된 식물)이 단단하고 투명해질 때까지 압축되어 만들어진다고 설명하는 것이 일반적이다. 다들 학교에서 그렇게 배운다. 하지만 이 내용은 허구다. 실제 다이아몬드는 더욱 극단적인 환경에서 생성된다.

초고경도 다이아몬드가 개발된 해에 할리우드에서는 믿기지 않는 내용의 공상과학영화 〈코어The Core〉가 개봉했다. 이 영화에서는 한 남자가 노트북으로 전 세계 인터넷을 해킹하고, 햇볕이 샌프란시스코 금문교를 녹인다. 또 출연 배우 힐러리 스웽크Hilary Swank가 로스엔젤레스 인근에 우주 왕복선을 착륙시키는 등 여러 놀라운 장면이 등장한다.

그중 한 장면이 특히 눈길을 사로잡는다. 지구 내핵에 핵폭탄을 터뜨리는 임무를 수행하기 위해 과학자들이 지구를 뚫고 들어간다. 그러다 그들은 맨틀에서 건물 크기만큼 거대한 다이아몬드를 발견한다.[1] 커다란 다이아몬드가 지하에 존재할 확률은 낮지만 그것만 제외하면 이 장면은 꽤 정확하게 묘사되어 있어 흥미롭다. 다이아몬드는 실제로 지각이 아닌 지구 맨틀에서 생성된다.

다이아몬드는 오직 탄소로만 생성되는데 결정으로 자라기까지 수십억 년이 걸린다. 식물에도 탄소가 있지만 오늘날 우리가 광산에서 채굴하는 보석으로 만들어질 만큼 오래되지 않았다. 게다가 탄소가 결합을 이루어 결정이 되려면 엄청나게 높은 온도와 압력이 가해져야 한다. 이는 지구의 지각 환경보다 훨씬 가혹하다.

다이아몬드는 상부 맨틀에서 수백 킬로미터 떨어진 곳에서 형성된다. 그 지점의 압력은 대기압보다 수십만 배 높으며 온도는 태양 표면에 견줄 만하다. 일단 다이아몬드가 생성되면 그 결정은 화산 폭발을 겪으며 지표면으로 분출된 뒤 굳는다. 그러면 인간이 그것을 채굴한다.

압축된 식물에서 다이아몬드가 생성된다는 신화는 우리가 채굴하는 석탄의 재료가 열과 압력을 받은 식물이라는 점에서 유래했을 것이다. 그런데 석탄은 다이아몬드와는 다른 온도와 압력 조건에서 만들어진다.

석탄과 다이아몬드 사이에서 변환 반응이 자연스럽게 일어나는 것은 사실이지만 다이아몬드 신화가 주장하는 내용과는 정반대다. 다이아몬드는 약간 불안정해서 수천 년이 흐르면 석탄으로 변할 수 있다. 자, 이제 우리가 던져야 할 질문은 '그 반응을 반대로 돌릴 수 있는가?'다.

2003년 일본의 지구물리학자 이리후네 데쓰오入船徹男는 석탄을 다이아몬드로 압축했다. 극단적으로 높은 압력을 조성할 수 있는 실험용 압력솥에 석탄과 비슷한 탄소 덩어리를 넣고 맨틀 환경보다 높은 압력을 가했다. 그러자 이제까지 자연에서는 단 한 번도 발견되지 않은 화학물질인 초고경도 다이아몬드가 생성되었다.[2]

초고경도 다이아몬드는 모스 경도가 10보다 크지만 정확한 숫자로 계산되지 않았다. 탄소 조각이 강하게 압축된 끝에 크기가 매우 작아졌기 때문이다. 지금 언급하는 초고경도 다이아몬드는 무게가 수백만 분의 1그램에 불과하다.

그런데 출발 재료로 반드시 석탄을 써야 할 필요는 없다. 독일 바이에른 지질연구소의 다니엘 프로스트Daniel Frost는 땅콩버터를 압축해 다이아몬드를 생성했다.[3] 미국 일리노이에 본사를 둔 기업 라이프젬LifeGem은 사람의 유골을 압축해 인공 다이아몬드로 만들었다. 여러분이 가진 탄소는 전부 결정으로 만들 수 있다.

석탄, 다이아몬드, 초고경도 다이아몬드는 모두 동일한 원소로 이루어져 있으나 성질은 다르다. 이 사실은 원소는 어떠한 과정을 거쳐서든 다른 방식으로 배열될 수 있음을 알려준다.

그런 원소의 배열을 설명하려면 다이아몬드와 비슷한 개념, 다른 말로 '쪼개지지 않는uncuttable'이 무엇인지 자세히 살펴봐야 한다. 고대 그리스어로 '쪼개지지 않는'이란 의미의 단어는 우리가 이미 아는 원자atom다.

신을 증명한 자

여러분 손끝에 모래알 하나가 놓여 있다고 상상해보자. 너무 작아서 맨눈으로 살펴보기 어려울 정도지만 모래알 하나는 두 조각으로 자를 수 있다. 알갱이를 자르면 오른쪽에 절반, 왼쪽에 나머지 절반이 생긴다. 작은 모래알을 정확하게 절반으로 자를 수 있을 만큼 작은 칼도 상상해보자. 일단 모래알을 반으로 자르고, 한 번 더 반으로 잘라 4분의 1로 조각내는 식으로 계속 반복해 쪼갠다.

이론적으로는 모래알을 절반씩 끝없이 자를 수 있다. 아무리 작은 조각이라도 돋보기로 확대하면서 다시 반으로 자르면 된다. 알갱이가 쪼개지지 않는 상황은 말이 되지 않는다. 모래알이 아주 작아질 때까지 잘라서 더 이상 오른쪽이나 왼쪽 절반이 생기지 않는다고 가정하자. 조각난 알갱이가 너무 작아 이제 크기는 없고 존재만 남았다. 여기서 알갱이를 또 반으로 나누는 것은 무의미하다. 이 상황은 마치 계산기에 나누기 2를 입력하자 표시창에 '미안합니다, 가장 작은 수에 도달했으므로 더는 나눗셈을 할 수 없습니다'라는 메시지가 뜨는 것과 같다. 가장 작은 물질이나 숫자의 존재에 관해 제안하려면 여러분은 제정신이 아니어야 한다. 그렇다면 이제 데모크리토스Democritos가 등장할 차례다.

데모크리토스는 기원전 5세기에 살았던 철학자다. 그는 원소 물질에 관한 아이디어를 상당히 진지하게 받아들였다. 만물은 더 이상 쪼개지지 않는 미세한 조각(원자)으로 만들어졌으며 그 조각들이 결합해 우리가 사는 세계를 구성한다고 믿었다.

엠앤엠즈M&M's 초콜릿 한 봉지를 먹는다고 치자. 일반적으로는,

색색의 초코 알이 섞인 상태로 한 움큼씩 먹기보다 초코 알을 색깔별로 분류한 다음 같은 색끼리 먹을 것이다.

뒤섞인 초코 알을 색깔별로 분류하는 행동은 우리가 어떤 물체를 분해하면서 원소 종류에 따라 원자를 분류하는 것과 같다. 이는 동소체가 생긴 이유도 설명한다. 다이아몬드, 석탄, 초고경도 다이아몬드는 모두 탄소 원자로 만들어졌다. 다만 원자 배열이 다르기에 물리적 성질도 다르게 나타난다.

원자 가설이 이상하지 않다는 듯, 아리스토텔레스는 훗날 데모크리토스의 아이디어를 차용하여 신의 존재를 증명했다. 끊임없이 움직이다가 서로 충돌하면서 튕겨 나간 원자들은 허공을 가르며 날아간다. 이러한 원자 움직임은 과거에 일어난 다른 원자와의 충돌로 설명한다. 그 다른 원자의 움직임도 앞서 일어난 또 다른 원자와의 충돌로 설명하며 되짚어갈 수 있다. 원인은 결과로 이어지고, 모든 결과에는 그에 선행하는 이유가 있다.

아주 먼 과거로 거슬러 올라가면 모든 사건을 일으켰으나 그 자신은 원인을 두지 않는 최초의 움직임이 있을 것이다. 이러한 '원인 없는 원인'은 자연의 일반적인 법칙에서 벗어나지만 자연에 영향을 줄 수는 있다. 이것이 다른 말로 신God이다.[4] 아리스토텔레스의 견해가 옳은지 그른지는 여러분이 판단할 문제다.

늪의 제왕

슬프게도, 지성을 꽃피우던 유럽이 신성로마제국에 장악당하면서 다른 여러 위대한 사상과 함께 데모크리토스의 원자 가설도 묻혔다. 1700년대 후반에 이르러서야 원자는 영국 과학자 존 돌턴John Dalton 의 연구에 힘입어 지대한 관심을 받았다.

열두 살의 영국인이라면 대부분 중학교에 다니는 학생일 것이다. 그런데 존 돌턴은 그 나이에 학교에서 학생들을 가르쳤다. 방직공의 아들로 태어난 돌턴은 과학, 수학, 영어, 라틴어, 그리스어, 프랑스 어를 독학하여 10대 후반의 나이에 교장으로 일했다.[5]

이러한 그의 겉모습에 속아서는 안 된다. 치열하게 공부하는 중에 도 돌턴은 다른 청소년들과 마찬가지로 즐겁게 노는 법을 터득했다. 돌턴은 한가할 때면 지역 늪지대로 나가 늪에서 발생하는 기체를 포집하며 시간을 보냈다. 놀랍게도 그는 평생 결혼하지 않았다.

돌턴은 포집한 기체를 태우면서 기체가 닥치는 대로 반응하지 않는 대신 특정 비율로 결합한다는 것을 발견했다. 이를테면 수소와 산소는 항상 2 대 1로 결합하며 다른 비율로는 반응하지 않는다. 수소가 산소보다 세 배 많은 경우는 반응이 끝난 뒤에도 수소의 3분의 1이 남는다. 마치 각 수소에게 나눠주는 산소 '조각'의 양이 정해진 듯 보인다.

이 같은 현상을 가장 합리적으로 설명하기 위해 돌턴은 각 기체 원소를 구성하는 작은 입자가 있다고 가정했다. 그는 그리스어에 능통한 덕분에 데모크리토스가 주창한 개념을 잘 알고 있었다. 돌턴은 그 기체 입자를 원자라고 부르기 시작했다.

하지만 돌턴의 아이디어는 널리 받아들여지지 않았다. 그에게는 일을 지나치게 복잡하게 만드는 버릇이 있었다. 원자 가설을 개략적으로 설명하기 위해 돌턴이 1808년 출판한 책은 어렵기로 악명을 떨쳤다.[6] 그가 제시한 아이디어는 이론적으로 분명한 근거가 있었으나 설명은 지루했으며 화학 현상은 복잡했다.

그렇지만 돌턴은 많은 이에게 존경받았고, 마침내 영국 왕 윌리엄 4세를 알현하는 영광을 얻었다. 여기서 그는 생애 가장 큰 실수를 저지른다. 본래 왕을 알현할 때 착용하지만 퀘이커교 신도에게는 금지된 빨간색 예복이 문제였다. 돌턴은 색맹이었는데(그는 문헌에 최초로 기록된 색맹이다), 알현식을 집행하는 사람이 돌턴에게 동료 퀘이커교도들을 불쾌하게 할 빨간색 예복을 입고 있다고 가르쳐주는 것을 '잊어버렸다'.[7]

그리하여 돌턴은 상상 가능한 범위 내에서 가장 터무니없는 옷을 입고 다른 퀘이커교도들 앞에서 행진했다. 퀘이커교도면서 운 나쁘게도 색맹인 탓에 공개된 장소에서 빨간색 옷을 입은 그가 참으로 안타깝다.

상상할 수 없는 작은 입자

원자 가설이 진정으로 발전하기 시작한 계기는 1899년 프랑스 물리학자 에밀 아마가Émile Amagat가 한 압력 용기 실험이다. 어린 시절 아마가는 기체를 광산의 수직 갱도로 내려 보내면서 얼마나 압축되는지 측정하며 시간을 보냈다. 성인이 되어서는 대기와 비교해 3,000배까지 기체를 압축할 수 있는 정교한 기계를 개발했다.

실험을 진행하면서 아마가는 기체를 압축하다 보면 한계에 도달한다는 것을 발견했다. 일단 한계점에 도달하면 기체는 압축시켜도 이전 상태로 되돌아가며 부피가 줄어들지 않았다.[8]

이 현상은 입자 크기가 무한히 작다는 가설로 설명할 수 없었다. 물질이 무한히 작은 입자로 구성되어 있다면 모든 기체 입자들 사이에는 무한한 공간이 존재한다. 그렇다면 압축시켜 이미 부피가 많이 줄어든 기체라도 추가로 압축이 일어날 공간은 충분히 남았을 것이다.

코크 백작의 아들로 태어난 물리학자 로버트 보일Robert Boyle은 기체 압력에 관련한 실험을 진행했다. 그는 무한히 작은 입자 가설을 근거로 기체는 끝없이 압축될 수 있다고 주장했다. 하지만 아마가 실험에 따르면 그렇지 않았다. 기체는 양이 정해진 물질로 이루어져 있었다. 이 결과는 기체가 무한히 작은 조각으로 구성되지 않았음을 의미했다.

아마가는 원자에 대한 자신의 아이디어를 돌턴의 늪 기체 실험 결과와 결합시켜 가설보다 이론에 가깝게 만들었다. 그 이론에는 증거도 있었다. 그런데 한 가지 큰 문제, 아니 오히려 아주 작은 문제가 있었다. 아마가의 이론을 이해하려면 매우 작은 원자의 존재를 받아들여야 했다. 원자는 상상할 수 없을 정도로 작은 입자다.

우주에서 지구를 바라보며 지표면에 놓인 포도 알 하나를 찾는다고 상상해보자. 이는 포도를 관찰하면서 포도 껍질을 구성하는 원자 한 개를 골라내려는 행동과 같다.

원자가 실제로 존재한다면 크기가 너무 작아 가시광선의 파동조차도 그 입자와 부딪히기에는 너무 클 것이다. 여러분이 사용하는 현미경의 성능에 상관없이 원자 고유의 특성 탓에 원자를 포착하기도 불가능할 것이다.

이론이 확립되면 그 이론을 시험하는 것이 과학자의 임무다. 하지만 이토록 작은 원자를 어떻게 시험할 수 있을까? 보이지 않는 대상을 관찰하는 것이 가능할까?

아인슈타인이 있었다

알베르트 아인슈타인Albert Einstein은 생전에 이미 전설로 불렸다.

무엇보다 인상적인 점은 그만한 명성을 얻을 자격이 있었다는 것이다. 300편이 넘는 과학 논문을 발표하고 현대 물리학의 토대를 마련한 아인슈타인은 천재의 완벽한 본보기였다.

그가 남긴 수많은 업적을 단 몇 줄로 요약하는 행동은 어리석은 짓이다. 우리는 화학과 가장 관련이 있는 그의 논문 한 편에 초점을 맞출 것이다. 1905년 7월 18일 발표한 이 논문으로 그는 원자 가설을 추측에 불과한 생각이 아니라 실험 가능한 대상으로 바꾸었다.

아인슈타인은 스위스 특허청에서 근무하는 동안 스코틀랜드 식물학자 로버트 브라운Robert Brown이 1827년부터 발표한 몇몇 연구 결과를 우연히 발견했다. 브라운은 물 위에 떠 있는 꽃가루 입자가 불규칙적으로 빠르게 움직인다는 것을 알아냈다. 처음에 그는 꽃가루 입자가 살아 있어서 그렇다고 생각했으나 모래와 먼지에서도 똑같은 움직임을 확인했다. 이 현상은 브라운 운동Brownian motion으로 알려졌다. 그러나 제대로 규명되지 않은 호기심거리일 뿐이었다.

아인슈타인은 물에서 꽃가루가 움직이는 궤적을 모델화했다. 그리고 꽃가루와 물 입자가 충돌한 결과로만 꽃가루 입자의 움직임이 설명된다는 것을 알아냈다. 꽃가루가 어떻게 움직였는지 정확하게 설명하려면 꽃가루와 물 사이의 마찰을 고려해야 했다. 이는 '물 원자'의 존재를 받아들여야 한다는 의미였다.

수학 시험에서 낙제했다는 소문이 끊임없이 돌았으나 알베르트 아인슈타인은 수학자만큼 수학 실력이 뛰어났다. 그는 꽃가루의 가능한 모든 움직임을 물 온도와 연결하는 방정식을 고안했다. 아인슈타인은 판별 가능한 결과를 도출하는 방정식을 탄생시켜 게임의 판도를 완전히 바꾸었다. 아이디어와 다르게 숫자는 토론 대상이 될 수 없다. 가설에서 특정한 결과 값이 예상된다면 직접 그 값의 옳고 그름을 확인하면 된다.

아인슈타인은 "의문을 품은 누군가가 이 논문에 제시된 문제를 신속하게 해결하기 바란다"라는 글로 논문을 마무리했다.[9] 아인슈타인의 가설이 대부분 그랬듯 그 방정식도 얼마 지나지 않아 다른 이들로부터 검증받았다. 꽃가루의 불규칙한 움직임은 무작위로 발생한 것이 아니었다. 꽃가루 입자 양쪽과 맞닿은 물 입자의 불규칙한 운동이 이를 유발했다. 꽃가루는 끊임없이 충돌하는 것처럼 보였고 실제로도 그랬다.

이 사실을 발견하면서 아인슈타인은 라부아지에가 세운 원자 가설에 반론의 여지가 없는 근거를 제공했다. 원자가 없다면 원소에 관하여 합리적으로 논할 수 없으며 그 반대도 마찬가지다. 논쟁거리가 사라졌다. 원자는 실재했다.

· 3장 ·

원자 모형의 진화

역사상 가장 작은 영화

1989년 IBM 연구원들은 원자 35개만으로 회사 로고를 그려 마케팅에 널리 활용했다. 그 후 2013년 연구원들은 한발 더 나아가 원자로 그림을 그린 다음 스톱모션 기법을 활용하여 60초짜리 애니메이션 〈소년과 원자A Boy and His Atom〉를 제작했다. 이는 세계에서 가장 작은 영화로 기네스북에 올랐다. IBM 연구진은 서로 다른 위치에서 수백 장의 사진을 찍고 연결한 뒤 고속으로 재생했다. 이 방식으로 주인공 원자가 또 다른 원자와 친구가 되어 놀이하는 모습을 표현했다. 앞 장에서 언급했듯 원자는 크기가 너무 작아 잘 보이지 않는 까닭에 영화를 찍는 과정은 쉽지 않았다.

영화 〈소년과 원자〉에는 각 장면을 구성하는 원자 사진이 실제 사진이 아니라는 속임수가 존재한다. 그 사진들은 가시광선 조건에서 사물을 볼 때보다 더욱 가까운 거리에서 대상을 관찰하는 장치인 주사 터널 현미경Scanning Tunneling Microscope: STM으로 얻은 이미지다.

바위 하나를 어두컴컴한 구덩이 속으로 굴려 떨어뜨린다고 상상해보자. 바위가 밑바닥에 도달하기까지 걸리는 시간을 재면 구멍이 보이지 않아도 깊이를 측정할 수 있다. 주사 터널 현미경은 이와 유사한 원리로 작동한다.

주사 터널 현미경은 렌즈가 아니라 미세한 입자가 끝에 달라붙은 가느다란 탐침이 중요한 역할을 한다. 미세 입자는 탐침 끝에 느슨하게 붙어 있어서 전류를 가하면 떨어져 나와 아래쪽 관찰 대상의 표면에 착지한다. 입자가 떨어질 때 주사 터널 현미경이 잃은 에너지 양을 측정하여 표면과 탐침 사이의 거리를 계산한다.

앞뒤로 관찰 대상을 스캔하면서 탐침은 표면의 굴곡에 따라 다른 양의 에너지를 잃게 된다. 이를 통해 주사 터널 현미경은 관찰 대상 표면의 형태를 나타내는 지도를 간접적으로 그릴 수 있다.

〈소년과 원자〉는 평평한 구리판을 만든 다음 특정 위치에 결합시킨 일산화탄소carbon monoxide 입자를 측정하면서 촬영했다. 주사 터널 현미경이 구리판을 스캔하면 표면의 일산화탄소 입자가 마치 점자 책의 점처럼 측정되는데 그 이미지가 컴퓨터에 기록되었다.[1]

이 참신한 아이디어는 어떻게 구현되었을까? 원자의 윤곽을 감지하려면 주사 터널 현미경은 원자보다 더 작은 입자로 원자를 측정해야 한다. 그렇게 작은 입자는 어디에서 찾을 수 있을까?

건포도가 박힌 푸딩

　20세기 초 물리학자들의 최대 관심사는 전기를 이해하는 것이었다. 19세기 전기에 관한 두 가지 가설이 등장한 가운데 과학계의 두 거물이 각각의 가설을 지지했다. 전기를 입자라고 생각하는 진영에는 헤르만 폰 헬름홀츠Hermann von Helmholtz가 있었다. 헬름홀츠는 전기 불꽃이 그림자를 드리운다는 예를 들며 전기는 입자 물질로 구성되었다고 주장했다.

　반대 진영에는 헬름홀츠의 제자 하인리히 헤르츠Heinrich Hertz가 선봉에 섰다. 그는 눈에 보이지 않는 힘의 장force field으로 전기를 설명했다. 그 당시 자기장이 전류의 경로를 구부릴 수 있음을 증명한 헤르츠는 전기장도 전기를 교란시킬 수 있다고 주장했다.[2]

　헬름홀츠와 헤르츠는 마지막까지 좋은 동료로 지냈으나 두 사람 사이의 논쟁은 뜨거웠다. 1894년 영국의 천재 물리학자 조지프 존 톰슨Joseph John Thomson이 갈등을 해결하기 직전, 슬프게도 헬름홀츠와 헤르츠는 세상을 떠났다. 승자는 헬름홀츠였다.

　톰슨은 과학의 신동이었다. 그는 14세에 맨체스터대학교에 입학했다. 그리고 훗날 레일리John William Strutt Rayleigh의 뒤를 이어 영국 물리학계에서 가장 권위 있는 직책인 케임브리지대학교 캐번디시연구소장으로 임명되었다.

톰슨의 전기 실험은 상당히 정교하지만 전제는 간단하다. 작은 유리관을 기체로 채우고 전기회로의 양 끝을 관 앞뒤에 연결한다. 전압을 올리면 기체를 매개로 전기가 흐르는데 그 근처에 자석을 두면 전기 흐름을 교란할 수 있다.

전기 실험을 중심으로 다양한 연구를 진행하면서 톰슨은 몇 가지 중요한 사항을 관찰했다. 가장 중요한 발견은 전기가 천천히 흐른다는 사실이다. 헤르츠는 전기장 가설에서 전기가 빛의 속도로 흐른다고 예측했다. 그러나 톰슨이 실험한 결과 실제 전기가 흐르는 속도는 그보다 느렸다. 이는 전기가 질량을 지니며 따라서 입자로 존재한다는 것을 의미한다.

아일랜드 과학자 조지 스토니George Stoney는 그 입자를 가리켜 호박amber(문지르면 정전기가 발생하는 광물)을 의미하는 그리스어인 '전자electron'라고 불렀다. 이 이름은 널리 인기를 끌었다. 그런데 전자는 기존에 알려진 다른 입자와 크게 달랐다.

우선 돌턴과 아인슈타인이 발견한 원자는 전자보다 크기가 2,000배 컸다. 실제로 톰슨이 실험에서 철판을 통해 전자선을 쏠 수 있었던 것은 철판 틈새에 전자 크기가 잘 맞은 덕분이었다.

게다가 원자는 일반적으로 서로 접근하는 것을 좋아하지만 전자는 거리가 가까워지면 반발한다. 전하라고 부르는 이 반발 특성은 솔직히 말해 지금도 미스터리다. 반발력을 측정하거나 한 전자가 다른 전자를 밀어내는 과정을 설명하는 것은 가능하지만 전자가 전하를 띤 이유는 지금도 알려지지 않았다.

톰슨이 해결해야 하는 더 큰 숙제는 전자가 어디에서 오는지 밝히는 것이었다. 배터리는 평범한 원자(전자보다 크고 무거운)를 재료로 만든다. 이 때문에 전자는 어떻게든 원자 속에 숨어 있어야 했다. 분명 원자는 세상에서 가장 작은 입자가 아니었다. 원자는 전자를 포함하고 있었다.

그렇다면 원자는 내부에 전자를 지니면서도 왜 전하를 띠지 않을까? 만일 원자 안에서 전자끼리 반발한다면 어떻게 원자 두 개가 서로 접근해 화학결합까지 생성할까?

톰슨은 원자에 전하 생성을 막는 추가 물질이 들어 있어서 전자 전하가 상쇄되고, 원자가 전체적으로 중성을 띤다고 결론지었다.

그리고 톰슨은 일종의 원자 스펀지에 전자가 박힌 원자 모델을 제안했다. 이 모델에서 한 조각을 잘라내면 크리스마스 푸딩 속 건포도처럼 배열된 전자가 보일 것이다. 그 모델 형태는 다음 페이지의 그림과 같다.

전자와 푸딩 반죽은 반대 전하를 지녀 서로를 끌어당긴다. 원자로부터 전기를 일으키려면 원자 내부를 채운 반죽에서 전자를 뜯어내는 큰 노력을 기울여야만 했다. 톰슨의 모델은 '건포도 푸딩 원자 모델'이라는 깜찍한 이름으로 불린다.

내부의 전자들

어니스트 러더퍼드의 존재감

톰슨은 자신의 실험 결과를 발표하면서 원자라는 명칭을 썼다. 이는 쉽게 오해를 불러일으키는 것으로 악명 높았다. 우리가 원자라고 부르는 대상은 더 이상 쪼갤 수 없는 물질도, 세상에서 가장 작은 입자도 아니다. 분리되기를 좋아하지 않는 안정된 구조일 뿐이다.

톰슨이 규명한 바에 따르면 쪼개지지 않는 입자는 전자다. 전자는 그와 반대 전하를 띤 반죽 덩어리에 콕콕 박혀 있었다. 그런데 과학은 가설이 옳다고 증명되는 경우가 아니라 반증되는 경우에 발전한다. 톰슨의 건포도 푸딩 모델도 그의 제자 어니스트 러더퍼드Ernest Rutherford의 손에 갈기갈기 찢기고 말았다.

뉴질랜드 양 목장에서 자란 러더퍼드는 값비싼 실험 장비를 거부했다. 그리고 아무도 하지 않는다는 이유로 터무니없는 실험을 수행한 과학자로 알려져 있다. 이런 특이한 접근 방식을 가진 러더퍼드가 1908년 노벨화학상을 수상하자 주위 사람들은 그가 계속 자신만의 방식을 고수하도록 내버려 두었다.

러더퍼드는 전자보다 질량이 무거운 거대한 원자가 전자의 반대 전하를 띤 작은 조각을 방출하는 것을 확인했다. 그것을 알파입자라 명명했는데 이 발견이 그에게 노벨상을 안겨주었다.

러더퍼드는 원자 반죽이 자기 자신과 반발한다고 보았다. 그 때문에 알파입자가 방출되고, 원자 크기가 크면 자기 반발력에 의한 불안정성이 증가해 원자가 폭발한다고 생각했다. 그리고 원자가 미세 폭발하는 도중 생성된 원자 반죽 조각이 그가 발견한 알파입자라고 믿었다.[3]

평범한 과학자라면 노벨상을 받고 그냥 넘어갔겠지만 러더퍼드는 문제의 핵심에 다가가는 과학자였다. 그는 자신이 세운 가설을 도마 위에 올려놓고, 옳고 그름을 따져보고 싶었다. 그래서 세계 최고의 실험주의자 한스 가이거Hans Geiger를 고용해 원자 내부의 진실을 밝힐 방법을 함께 개발했다.

두 과학자는 알파입자가 황화아연zinc sulfide: ZnS 조각에 부딪히면 미세한 섬광이 일어나는 현상을 발견했다. 그 뒤 어두운 방에 앉아 알파입자를 황화아연에 쏘면서 렌즈로 섬광을 관찰하는 실험을 수행하며 많은 시간을 보냈다.

지루함을 견딜 수 없었던 가이거는 자동으로 충격을 감지하는 계수 장치를 발명했다. 그 발명품이 이후 수없이 많은 스파이 영화에 등장해 딸깍하는 신호음을 낸 가이거 계수기다.

1909년 어느 날 아침 가이거는 러더퍼드를 찾아가 장래가 촉망되는 학부생 중 한 명인 어니스트 마스든Ernest Marsden에 대해 이야기했다. 마스든은 겨우 스무 살이었지만 실험 실력이 뛰어나기로 유명했다.

가이거는 마스든에게 새로운 프로젝트를 주고 싶어 했다. 러더퍼드는 언제나처럼 괴짜 같은 모습으로 "금박 실험에서 알파입자가 얼마나 큰 각도로 산란하는지 마스든에게 알아보라고 하는 것은 어떤가?"라며 특이한 연구 주제를 제안했다.[4]

금박 실험은 이미 몇 년 전에 설계되어 있었다. 라듐(알파입자를 많이 방출하는 금속) 한 조각을 가져다 얇은 금속 막과 마주 보게 두면 알파입자가 금속 막을 향해 곧바로 방출된다. 이때 검출기를 금속 막 건너편에 배치하면 알파입자가 막에 부딪히면서 받은 충격을 측정하는 동시에 원자 반죽의 밀도에 대한 단서를 얻을 수 있다. 실험에 쓰기 가장 좋은 금속은 두께를 원자 몇 개에 해당할 만큼 얇게 펼 수 있는 금이었다. 실험 도구는 다음과 같이 배치된다.

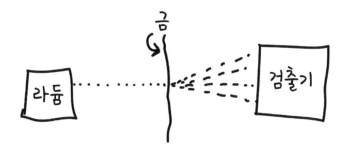

하지만 어떤 이유에서인지 러더퍼드는 가이거와 마스든에게 검출기를 금박 맞은편에 두는 대신, 금박과 큰 각도를 이루는 지점에 설치하라고 지시했다. 가이거는 '그러면 탐지기가 아무것도 검출하지 못할 텐데'라고 생각하며 어리둥절했을 것이다. 하지만 러더퍼드의 명성(그의 책상 위에 놓인 노벨상 메달도 한몫했을 것이다)을 떠올리고 어깨를 한번 으쓱한 다음 마스든에게 그대로 지시했을 것이다. 다음 날 러더퍼드의 기이한 생각이 빛을 발했다.

심지어 검출기를 알파입자와 같은 편으로 옮긴 뒤에도 검출기는 산란한 알파입자를 검출했다. 이는 알파입자가 푸딩 반죽에 부딪혀 튕겨 나온다는 것을 의미하므로 건포도 푸딩 가설로는 설명할 수 없다. 이 결과는 실제 건포도 푸딩을 겨냥해 기관총을 쐈더니 총알이 튕겨 나와 실험하는 사람의 얼굴을 향해 날아온 것과 마찬가지다. 총알이 푸딩을 관통해 맞은편 벽에 박힌다고 예상했는데 오히려 정반대의 상황이 벌어진 것이다.

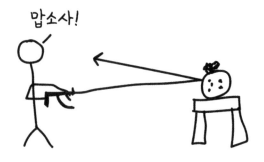

맙소사!

러더퍼드도 실험 결과를 놓고 비슷한 설명을 했다. "이것은 일평생 나에게 일어난 사건들 가운데 가장 믿을 수 없었다. 마치 여러분이 15인치 포탄을 휴지 조각에 발사하자 포탄이 다시 돌아와 여러분을 명중시킨 것만큼 이해되지 않는 현상이었다."[5]

실험 결과는 1910년 2월 발표되었고, 이듬해까지 러더퍼드가 그 실험 내용을 수학으로 계산했다. 결과를 합리적으로 설명하는 방법은 단 하나였다. 원자는 부드러운 스펀지로 채워져 있지 않으며 원자 내부에 총알도 튕겨낼 정도로 단단한 덩어리가 들어 있다고 해석하면 된다. 건포도 푸딩에 견과류가 들어 있는 것이 분명했다.

푸딩 속 견과는 발포한 총알 1,000발 중에서 몇 발만 튕겨낸 것으로 관찰되므로 아마도 원자 내부 한곳에 조그맣게 뭉쳐 있을 것이다. 그리고 전자를 제자리에 고정하는 동시에 날아와 부딪힌 알파입자를 산란시키려면 견과 덩어리는 알파입자와 같은 전하를 갖는다고 생각해야 이치에 맞는다.

러더퍼드는 그 덩어리에 라틴어로 견과를 뜻하는 '핵$_{nucleus}$'이라는 이름을 붙였다. 행성이 태양 주위를 도는 것처럼 전자가 핵을 중심으로 공전하는 모델을 제안했다. 톰슨의 건포도 푸딩 모델은 폐기되어야 했다. 기발하긴 했으나 톰슨의 모델에는 아무 증거가 없었으며 과학에서는 증거가 없으면 이론이 될 수 없다.

푸딩 속 견과의 정체

러더퍼드가 검출기 위치를 옮기자고 말했을 때 그에게는 핵에 대한 직관이 있었을까? 아니면 그냥 장난이었을까? 러더퍼드는 마스든에게 맡길 일을 고민했을까? 아니면 불현듯 떠오른 생각이 그뿐이었을까?

나는 러더퍼드의 지시로 기분이 언짢아진 마스든이 검출기를 엉뚱한 위치에 두는 장면도 상상해본다. 여기 위대한 과학자가 학생에게 바보 같은 임무를 맡겼다. '앗, 교수님. 검출기를 큰 각도에 두고 설치하자고요? 금박의 앞면과 뒷면은 구분하지 않아도 괜찮은가요? 이 각도면 충분히 넓은 건가요, 러더퍼드 교수님?'

우리는 절대로 진실을 알 수 없을 것이다. 하지만 그 실험실에서 무슨 일이 있었든, 세 사람 마음속으로 어떤 생각이 스쳤든 간에, 실험 결과는 과학사의 전설로 남았다.

그런데 정답이 궁금한 사소한 의문 하나가 여전히 남아 있다. 러더퍼드는 핵에 전자의 반대 전하를 띤 입자가 들어 있다고 예측했다. 그렇다면 핵은 왜 저절로 산산조각 나지 않을까? 같은 전하를 지닌 입자는 서로 밀어내므로 핵은 존재할 수 없어야 한다. 이에 대한 답은 러더퍼드의 또 다른 제자 제임스 채드윅James Chadwick이 1932년 얻었다.

채드윅은 폴로늄polonium 조각에서 배출되는 알파입자를 베릴륨beryllium 덩어리에 가하는 실험을 하면서 그 맞은편에 왁스 조각을 두어 충격을 완화했다.

폴로늄에서 입자가 방출될 때마다 베릴륨 내부에서 무언가가 맞은편을 향해 날아갔다. 그 모습은 마치 핵 안에서 당구공들이 충돌하는 것 같았다. 베릴륨에서 튀어나온 입자들은 분명 무거웠지만 서로 밀어내지 않았다. 이는 그 입자들이 중성 전하를 띤다는 의미였다. 중성입자는 전하를 띤 입자들이 서로 밀어내는 힘보다 더욱 강한 힘을 지녀야 한다. 그래야 전하 입자들을 한데 묶는 접착제 역할을 할 수 있다.

원자 속 견과는 두 종류의 입자로 구성되어 있다. 접착 특성이 있는 중성자, 그리고 전자를 제자리에 고정하는 양성자(그리스어로 첫 번째first를 의미)다. 닐스 보어Niels Bohr, 베르너 하이젠베르크Werner

Heisenberg, 오스카르 클라인Oskar Klein이 진행한 후속 연구가 러더퍼드의 연구 결과를 상세히 설명하면서 마침내 원자에 대한 대중적 관점이 확립되었다.

원자는 태양계 같았다. 양성자와 중성자로 구성된 중심핵 주변으로 반대 전하를 지닌 전자가 공전하는데 핵과 전자 사이에는 아무것도 없었다.

원자를 축구 경기장만큼 확대한다고 상상해보자. 양성자와 중성자는 경기장 중앙에 대략 골프공 크기로 뭉쳐 있으며 전자는 먼지한 톨만 할 것이다.

여기서 도출되는 가장 이상한 결론은 원자 안쪽이 대부분 비어 있다는 것이다. 밀도가 가장 높은 원소인 오스뮴osmium조차도 내부 99퍼센트에 아무것도 없다.

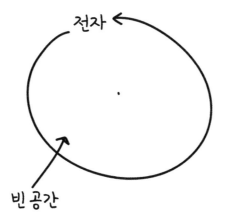

알려지지 않은 원소

슈퍼맨 영화 〈맨 오브 스틸Man of Steel〉에서 칼 엘Kal-El을 지구로 데려오는 우주선은 화학자들이 분석한 결과 주기율표에 들어가지 않은 원소로 만들어졌음이 밝혀졌다.[6] 주기율표는 알려진 모든 원소의 목록이므로 크립톤인이 사는 행성에는 분명 지구에 없는 원소가 있다.

아직 알려지지 않은 원소를 향한 호기심은 수십 년 동안 소설에도 등장했다. H. P. 러브크래프트H. P. Lovecraft가 쓴 〈마녀 집에서 꾸는 꿈The Dreams in the Witch House〉에서 주인공은 어떠한 과학자도 찾지 못한 원소로 만든 작은 동상을 발견한다.[7] 러브크래프트는 중성자 발견을 다루는 물리학 강의를 듣고 영감을 받아 같은 해에 그 소설을 썼다. 찾지 못한 원소란 실제로 존재할까? 우주의 후미진 구석 어딘가에 이국적인 원소가 숨어 있을까?

소설을 망치고 싶은 마음은 없지만 대답은 '아니오'다. 원자라는 단어에는 '쪼개지지 않는다'는 의미가 있다. 실제로 그 의미에 부합하는 입자는 전자, 양성자, 중성자다. '전자-양성자-중성자를 포함한 상위구조'라는 명칭이 더욱 정확하지만 원자라는 이름이 굳어졌다는 이유로 우리는 원자를 여전히 원자라고 부른다.

가능한 한 가장 작은 원자는 논리적으로 하나의 양성자(그리고 전하는 언제나 상쇄되어야 하므로 하나의 전자가 필요함)를 포함할 것이다. 이것이 캐번디시가 발견한 원자번호 1번인 폭발성 가스 수소다.

다음 원소는 두 개의 양성자를 지닐 것이다(두 양성자를 한데 묶는 중성자가 필요함). 이는 헬륨으로 밝혀졌다. 원자번호 1.5인 물질은 존재할 수 없는데 양성자가 절반으로 쪼개지지 않는 까닭이다.

일단 원소 목록을 확보하면 자연은 원자번호가 정수인 원자만 생성할 수 있으므로 빠진 원소가 없다고 확신할 수 있다. 지구에서 발견되는 원소는 우주의 모든 구역에서 발견되는 원소와 똑같다. 다음 장에서 우리는 우주로 갈 예정이다.

유감이지만 슈퍼맨 우주선 이야기는 성립하지 않는다. 그런데 흥미롭게도 크립토나이트는 실제 존재한다. 크립토나이트의 화학식은 $LiNaSiB_3O_7(OH)F_2$로 2007년 세르비아 광산에서 발견된 광물이다.[8]

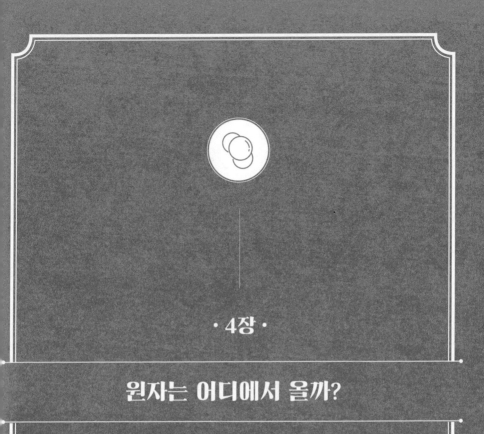

· 4장 ·

원자는 어디에서 올까?

우주에서 가장 추운 곳

인류가 일상에서 사용하는 온도 체계는 1742년 안데르스 셀시우스Anders Celsius가 발명했다. 그는 민물의 어는점과 끓는점 사이를 100도로 나누고, 그 온도 단위를 라틴어로 백 걸음을 뜻하는 '센티그레이드centigrade'라 불렀다.

셀시우스가 개발한 온도계는 원래 어는점이 100도, 끓는점이 0도로 정해져 있었다. 그러나 셀시우스가 사망한 뒤 어는점 0도, 끓는점 100도로 뒤집혔다. 온도 단위 명칭은 그를 기리는 의미에서 섭씨Celsius로 바뀌었다. 미국에서 섭씨보다 널리 쓰이는 화씨Fahrenheit 단위는 다니엘 파렌하이트Daniel Fahrenheit가 소금물이 어는 온도와 인간의 체온을 기준으로 만들었다.

어떠한 온도 단위를 사용하든 입자 행동은 같다. 가열할수록 입자의 평균 속도는 증가한다. 높은 온도에서는 입자 운동이 활발해지므로 가열하면 기체는 더 많은 부피를 차지하게 된다. 반대로 온도를 낮추면 입자 운동이 둔해지므로 기체는 더 작은 부피를 차지한다. 온도가 높은 기체는 부피가 크고, 온도가 낮은 기체는 부피가 작다.

온도와 부피의 단순한 상관관계는 그것을 발견한 물리학자 자크 샤를Jacques Charles의 이름을 따서 샤를의 법칙이라고 부른다. 그런데 이 상관관계는 영원히 지속되지 않는다. 물질 온도를 낮출수록 부피가 점점 줄어들면서 결국 부피가 '0'이 되는 온도에 도달하는 까닭이다.

샤를의 법칙은 입자들이 공간을 차지하지 않을 정도로 낮은 온도가 존재한다는 것을 암시한다. 하지만 이 가상의 온도는 분명 존재할 수 없다. 따라서 우리는 이 온도를 '절대영도'라 부르고 영하 273.15도로 계산한다. 이는 너무 낮은 온도여서 물리 법칙을 위배해야만 도달할 수 있다.

지구에서 가장 추운 지역은 일반적으로 남극 대륙 인근의 돔 아르구스Dome Argus를 말한다. 이 지역 기온은 동절기에 영하 93.2도까지 떨어진다.[1] 머나먼 우주 공간은 평균온도가 영하 270도이고, 부메랑 성운은 물리적으로 가능한 최저 온도보다 1도 높은 영하 272도까지 낮아진다.[2]

우주에서 온도가 가장 낮은 지역이라는 공전의 기록은 지구에서 나왔다. 매사추세츠에 자리 잡은 마틴 즈비어라인Martin Zwierlein 교수 연구실에서 지금까지 합성된 화학물질 중 가장 온도가 낮은 소듐-포타슘sodium-potassium을 만들었다.

보통 두 개의 원자가 결합할 때(8장 참조) 우리는 금속이 아닌 원소에 접미사 ide를 붙인다(예: 산화철iron oxide). 그런데 두 금속 원자 간 결합은 매우 드물어서 그에 적합한 명명 체계가 개발되지 않았다. 그런 이유로 소듐-포타슘이라는 명칭이 다소 어색하게 들린다.

즈비어라인은 실험에서 기체 상태의 소듐과 포타슘 원자를 용기에 채운 다음 7,300도로 가열했다. 그 용기 전체에 자기장을 가하면 원자는 여러 방향으로 운동하는 성질을 잃는다. 이때 페슈바흐 공명Feshbach resonance으로 알려진 현상이 발생하며 원자끼리 짝을 짓기 시작한다.

다음 단계는 기체에 에너지가 높고 낮은 두 종류의 레이저를 쏘는 것이다. 고에너지 레이저를 가하면 원자는 자극을 받아 그 레이저 광선과 같은 색의 빛을 내기 시작한다. 여기서 원자가 스스로 빛을 내면서 에너지를 잃게 만들기 위해 저에너지 레이저를 활용한다.

낮은 진동수로 방출되는 저에너지 레이저는 원자가 떨어지는 일종의 착륙 플랫폼 역할을 한다. 저에너지 레이저와 진동수가 일치할 때까지 원자가 계속 에너지를 잃으면서 온도도 큰 폭으로 낮아진다.

즈비어라인은 분자에서 열을 제거하는 실험에 성공했다. 절대영도보다 단 5,000억 분의 1도만큼 높은 온도까지 도달했으며 이는 현재 기록된 세계 최저 온도다.[3] 극도로 낮은 온도 조건에서 물질을 연구하면 입자 행동에 관한 많은 정보를 얻을 수 있으므로 우리는 더욱더 낮은 온도에 도달하기를 희망한다.

즈비어라인 실험은 지구에서 수행되었기 때문에 행성의 중력장이 원자들을 살짝 잡아당겨서 흔들리게 만들어 온도를 상승시킨다는 문제가 있다. 이에 대한 분명한 해결책은 중력의 영향권에서 벗어나는 것이다.

이것이 국제우주정거장에서 진행될 즈비어라인 실험의 한 형태인 '차가운 원자 실험실Cold Atom Laboratory'의 목적이다. 국제우주정거장은 지구를 공전하면서 끊임없이 방향을 바꾸기 때문에 국제우주정거장 내부 중력의 합은 평균 0이다. 이곳에서는 절대영도 기준으로 10억 분의 1도, 심지어 수조 분의 1도만큼 높은 온도까지 도달할 수 있다.

우주에서의 화학 법칙은 지구에서와 매우 다르다. 태초에 원소가 어디에서 왔는지 이해하려면 우리는 우주를 살펴보아야 한다.

우리가 별에 관하여 아는 것은?

수 세기 전 위대한 철학자 탈레스Thales가 밀레투스 지방에서 하늘을 가로질러 유영하는 반짝이는 불빛들을 보면서 어두운 들판을 거닐었다. 기원전 6세기에는 가로등이 없었다. 덕분에 탈레스는 지평선 한쪽 끝부터 반대쪽 끝까지 맞닿은 광활한 하늘에 뜬 수많은 별을 완벽하게 관찰할 수 있었다.

별이 무엇으로 이루어졌는지 궁금해지기 시작한 그 순간, 탈레스는 한 발 앞으로 내딛다가 아무런 답도 얻지 못한 채 구덩이에 빠졌다. 그가 구덩이 바닥에 쓰러져 있는데 트라키아인 하녀 한 명이 구덩이 쪽으로 다가와 킥킥 웃으며 말했다. "하늘의 별뿐만 아니라 발밑 구덩이도 잘 보셔야지요!"[4]

탈레스 시대가 끝나고 수백 년이 흘렀다. 철학자 아리스토텔레스는 별이 신의 성스러운 원소이자 접근 불가능한 물질인 에테르aether로 만들어졌다고 제안했다.[5] 멋진 가설이지만 정의상 신은 인간의 영역을 초월하기 때문에 시험이 불가능하다.

아리스토텔레스의 논리에 따르면 우주는 접근 불가능한 물질로 이루어졌다. 그러므로 무엇이 어떠한 물질로 만들어졌는지 이해하려 애쓰는 행동은 의미가 없다.

불행히도 아리스토텔레스의 가설은 큰 인기를 끌었다. 사람들은 실험을 통한 답 찾기를 멈추고 추측에만 의존했다. 실험 데이터보다 사람의 의견을 신뢰하는 이 같은 풍조로 인해 과학은 1000년 동안 성장을 멈추었고, 인류는 암흑기에 갇혔다.

반짝반짝

아리스토텔레스에게 목이 졸린 과학은 1814년 독일 물리학자 요제프 폰 프라운호퍼Joseph von Fraunhofer가 중요한 발견을 하면서 마침내 풀려나기 시작했다. 불꽃을 관찰할 때 뿜어져 나오는 빛을 프리즘에 통과시키면 여러 색상의 빛줄기로 갈라진다. 이는 무지개가 나타나는 원리와 같다. 프라운호퍼는 빛이 프리즘을 통과하여 갈라진 결과가 전부 같지는 않다는 것을 발견했다. 빛의 종류가 다르면 갈라져 나온 무지개도 다르다.

45년 뒤 로베르트 분젠Robert Bunsen이 그 발견의 의미를 깨달았다. 각 원소는 연소될 때 특정 스펙트럼의 빛을 방출한다. 이는 원소가 지닌 고유의 무지개 지문과 같다. 프라운호퍼의 실험 장치를 사용해 불꽃에서 나오는 빛을 측정하면 연소 반응에 어떠한 원소가 참여하는지 정확히 계산할 수 있다.

분광학이라 부르는 이 기술을 활용하면 먼 거리에서도 반응을 관찰할 수 있다. 분광계를 별을 향해 돌리면 우리는 그 별이 어떤 성분으로 구성되어 있는지 추론할 수 있다.

분광학 역사에서 가장 흥미로운 발견은 1868년에 있었다. 프랑스 천문학자 피에르 장센Pierre Janssen과 영국 천문학자 노먼 로키어Norman Lockyer가 같은 시기에 분광계로 태양을 관찰하여 두 사람 모두 새로운 원소 지문을 얻은 것이다.[6] 로키어는 그 지문이 지구상 알려진 원소들 가운데 어느 것과도 일치하지 않음을 확인했다. 그는 그 원소에 태양을 의미하는 그리스어 헬리오스helios에서 유래한 헬륨helium이라는 이름을 붙였다. 27년 후 윌리엄 램지William Ramsay는 지구 암석에서 헬륨을 추출했다. 이것으로 헬륨은 지구에서 발견되기 이전에 우주에서 먼저 발견된 유일한 원소가 되었다.[7]

다음으로는 1925년 미국 천문학자 서실리아 페인 가포슈킨Cecilia Payne-Gaposchkin이 평범한 항성에 원소가 각각 얼마나 존재하는지 성공적으로 계산하여 과학사에 한 획을 그었다.

페인 가포슈킨은 세계 최고 천문학자이자 하버드대학교 교수인 할로 새플리Harlow Shapley의 지도 아래 천체 물리학을 공부했다. 그녀는 천문학자 애니 점프 캐넌Annie Jump Cannon이 고안한 항성 분류법에 관하여 박사 학위 논문을 썼다.

캐넌은 알려진 모든 항성을 대상으로 총 아홉 권에 달하는 목록을 완성하는 중이었는데 마침 페인 가포슈킨이 그 자료를 열람했다. (대부분의 천문학자와 다르게) 양자역학이라는 새로운 과학에 정통한 페인 가포슈킨은 우주의 다른 항성을 구성하는 원소 비율이 지구의 원소 비율과 상당히 다르다는 것을 밝혔다. 세계 최정상의 천문학자 헨리 노리스 러셀Henry Norris Russell이 항성은 뜨거운 행성에 불과하다고 주장했지만 실제 그 둘은 완전히 다른 존재였다.[8]

지구에서 가장 풍부한 원소는 산소, 실리콘silicon (규소), 알루미늄 aluminium, 철이지만 항성은 대부분 수소와 헬륨으로 이루어져 있다. 천문학자 오토 슈트루베Otto Struve와 벨타 제버그스Velta Zebergs는 페인 가포슈킨의 연구를 두고 "지금까지 천문학계에서 발표된 박사 논문 가운데 의심의 여지없이 가장 뛰어나다"라고 평가했다.[9] 그러나 당시 그녀의 논문은 완전히 묵살당했다.

헨리 노리스 러셀은 심지어 비웃음당할 것이 뻔하니 연구 결과를 발표하지 말라고 페인 가포슈킨에게 충고했다. 하지만 그녀가 제안한 실험을 그대로 재현해본 러셀은 그녀의 주장이 옳았음을 깨닫고 생각을 바꾸었다.

우주는 거의 전적으로 수소와 헬륨으로 구성된다. 우리가 우주의 여러 행성에서 발견한 다른 원소들은 미량의 불순물일 뿐이다. 이 사실을 깨달은 천문학자 루이스 프라이 리처드슨Lewis Fry Richardson(출처가 불분명하여 어쩌면 조지 가모George Gamow일 수도 있음)은 페인 가포슈킨의 발견에 찬사를 보내며 다음과 같은 시를 썼다.

반짝반짝 작은 별,

네 정체가 무엇인지 궁금하지는 않지만,

분광학을 연구해서,

네가 수소인 걸 알았지.

셀 수 없이 많은 별

빛 공해가 없는 시골에서 맑은 밤하늘을 바라보면 드넓은 지평선 위로 희미하게 빛나는 끈을 볼 수 있다. 고대 그리스인은 그 끈이 헤라 여신의 모유라 생각하고 '갈락시아스 키클로스galaxias kyklos', 영어로 '젖의 동그라미milky circle'라 불렀다.

오늘날 우리는 그 반짝이는 끈이 항성으로 이루어졌음을 안다. 항성이 너무나도 많아 빛나는 점 하나하나를 세기조차 불가능한 은하수는 우리 눈에 매혹적인 아지랑이로 부드럽게 번져 보인다.

밤하늘을 가득 채우는 빛을 보며 우리는 별빛이라 생각하지만 실제로는 햇빛이다. 인류에게 주어지는 모든 에너지의 원천인 태양은 초거대 블랙홀 사지타리우스A*Sagittarius A* 주위를 도는 수십억 개의 항성 가운데 하나일 뿐이다.

여러분이 외부에서 우리 은하를 본다면 빛에 에워싸인 우주 속에 우리 태양이 있는지조차 알아채지 못할 것이다. 이는 구름을 보면서 물 한 방울을 골라내려는 것과 같다.

은하수에는 1,000~4,000억 개의 항성이 있지만 인류가 실제로 은하수 밖으로 나가 사진을 찍은 적은 없으므로 확실하게 파악하기 힘들다. 우리가 사는 은하가 남달리 특별한 것도 아니다. 964년 페르시아 천문학자 압드 알라흐만 알수피Abd al-Rahman al-Sufi는 안드로메다 성좌 안에서 구름처럼 보이는 무언가를 발견했다. 당시 그는 자신이 무엇을 발견했는지 전혀 깨닫지 못했다. 1923년 천문학자 에드윈 허블Edwin Hubble에 의해 그 구름 같은 발견체가 지구에서 가장 가까운 이웃 은하임이 확인되었다. 그 이웃 은하는 우리에게서 약 20조 킬로미터 떨어져 있으며 항성 약 1조 개를 품고 있다.

지구 상공 547킬로미터 궤도를 조용히 공전하는 허블 망원경은 안드로메다보다 더 먼 곳까지 탐사했다. 그 결과 우리가 사는 우주 공간에서 다른 은하를 1,700억 개 넘게 발견했다.

우주에 얼마나 많은 별이 있는지 묻고 대답을 듣는다면 헛웃음이 터질지 모른다. 최소한으로 추정해도 지구 근처에만 약 10조 개의 별이 있다고 한다.

이 정도로 큰 숫자를 언급하는 사람은 두 부류밖에 없을 것이다. 그 수가 얼마나 우스꽝스럽게 들리는지 전혀 인지하지 못하는 미취학 아동과 그 우스꽝스러움을 정확히 아는 과학자다.

별은 어떻게 생성될까?

이 질문에 통상적으로 나오는 대답은 진실을 제대로 설명하지 않는다. 일반적으로 사람들은 태양이란 불덩어리 혹은 연소하는 가스 덩어리라는 답을 듣는다. 하지만 두 관점 모두 불충분하다. 역사상 인류가 별 생성 현장에 가장 가까이 다가간 것은 1961년 10월 30일이다. 당시 인류는 러시아 세베르니섬에서 실험된 차르 봄바Tsar Bomba의 폭발로 공포와 두려움에 휩싸였다.

이는 지금까지 일어난 핵폭탄 폭발 중 가장 강력한 것으로 폭발 반경이 약 35킬로미터에 달했다. 시야를 넓히면 우리 태양에서는 매초 차르 봄바 20억 개가 한꺼번에 터지는 셈이다. 태양은 전 세계 인구가 1년 동안 소비하는 에너지의 100만 배를 찰나의 순간마다 생산한다.

태양 빛은 지구에서 농작물이 성장하는 데 필요한 에너지를 제공하고, 태양열은 물을 증발시켜 비를 내리게 한다. 태양 중력은 차가운 우주의 텅 빈 공간에서 표류하지 않도록 붙잡아준다. 태양 덕분에 인간 종 전체가 생명을 유지한다고 해도 지나치지 않다. 사실 인류는 태양에 그보다도 더 큰 빚을 지고 있다.

실제 무슨 일이 일어나는지 이해하려면 화학에서 일반적으로 무시하는 모든 중력의 영향을 고려해야 한다.

우주의 모든 물질은 중력장을 갖는다. 이는 모든 물질이 다른 모든 물질을 끌어당기고 있음을 의미한다. 우리가 중력장을 느끼지는 못하지만 우리 몸은 방 안에 놓인 모든 물체에 약하게 끌리며 그 물체들 역시 우리 몸에 끌리고 있다.

우리가 이 같은 효과를 알아차리지 못하는 이유는 중력이 매우 약하기 때문이다(물체를 자리에 고정할 만큼 중력이 강하려면 지구 정도는 되어야 한다). 중력은 비록 약하지만 무한한 범위로 영향을 미치며 태초부터 존재했다.

빅뱅이 시작되고 첫 0.5초 이내에 광자와 중성미자라고 부르는 초기 입자들이 충돌하기 시작하여 양성자, 중성자, 전자를 생성했다. 그 후에는 수백 초 동안 양성자와 중성자가 결합하여 수소와 헬륨 핵이 생성되는 동시에 리튬과 베릴륨(원자번호 3번, 4번) 핵도 극미량 만들어졌다. 이후 38만 년간 아무 일도 일어나지 않았다.[10]

이 기간에 우주는 부유하는 자유 핵과 전자로 차려진 뷔페였다. 사방에서 빛이 번쩍이고 현실이 우윳빛 안개처럼 뿌옇게 보이는 탓에 바로 눈앞에 무엇이 있는지도 전혀 분간하지 못했을 것이다.

그로부터 약 160만 년 후 온도는 1,000도까지 떨어지며 서늘해졌고, 전자가 핵에 포획되면서 수소와 헬륨 원자구름이 생성되었다. 마침내 우주는 맑아졌고, 중력이 지배적으로 영향을 미치기 시작했다.

수소와 헬륨 구름이 자신의 무게 때문에 붕괴되기 시작하면서 그들의 중력장이 점점 한곳으로 집중됐다. 그러자 더 많은 원자가 그 중력장으로 끌려와 뒤섞였다. 수백만 년 동안 구름들은 우주 곳곳에서 응결되어 소용돌이 매듭을 형성했다. 그 소용돌이 내부에서 원자들이 격렬하게 운동하여 온도가 점점 상승하자 원자핵 융합이 시작되었다.

중력은 사물을 안쪽으로 끌어당기는 반면 중심부 핵융합으로 방출되는 열은 사물을 바깥으로 밀어냈다. 이들 두 힘 사이에 균형이 맞춰진 결과 핵폭발이 발생하는 안정적인 구球가 탄생했다. 이것이 우주의 첫 번째 태양이다.

우리 태양과 같은 항성은 핵 온도가 1,600만 도에 달한다. 이는 수소와 헬륨 원자가 진동하다가 함께 으깨져 더욱 무거운 원소인 산소와 탄소가 될 정도로 높은 온도다. 이보다 더욱 크고 맹렬하게 타오르는 항성은 탄소 원자를 태워 마그네슘으로 만든다. 여기서 더 나아가면 철(원자번호 26)도 융합할 수 있다. 가벼운 원소는 이렇게 생성된다.

죽음의 시간

약 40억 년 후에는 우리 태양의 수소가 고갈되면서 차갑게 식기 시작할 것이다. 바깥을 향해 압력을 가하는 내부 열이 항성의 형태를 지탱할 만큼 뜨겁지 않게 되면서 중력이 우세해지고, 그로 인해 태양은 전체적으로 수축할 것이다.

이렇게 되면 일시적으로 태양 중심 압력이 상승해 순간적으로 뜨거운 열풍이 분다. 그 영향으로 태양 바깥을 감싼 기체가 팽창하면서 태양은 지금보다 훨씬 거대해진다. 태양은 반경이 점점 늘어나 지구마저 포위하므로 우리가 사는 이 아름다운 행성은 잿더미로 변할 것이다.

앞에서 언급했듯이 우리 태양은 다른 항성과 비교하면 땅콩만큼 작다. 그런데 거대한 항성이 죽음에 이르는 과정에서 발생하는 현상은 작은 태양과는 상당히 다르다. 초거성super-giant star은 중심핵 전체가 철로 변할 때까지 타오르다가 내부 열이 외부 층을 지탱할 수 없게 되면 중력붕괴가 일어난다. 초거성은 다른 항성보다 가해지는 중력이 훨씬 강하기 때문에 수축이 몇 초 만에 일어난다. 철로 변한 중심핵은 더는 압축될 수 없을 정도로 밀도가 높으므로 외부 층이 수축하면 중심에서 튕겨 나온다. 이때 충격파로 인해 폭발이 일어나면서 중심핵 전체가 산산조각 난다.

우리는 이런 상태의 항성을 초신성이라 부른다. 이 격렬한 항성 폭발 시기에 철 원자가 서로 융합되어 최대 92종의 원소가 생성된다. 항성 덩어리는 안팎으로 잘게 조각나고, 새로 형성된 무거운 원소들은 우주의 먼지로 흩어진다.

이 모든 과정이 반복된다. 생성된 수소와 헬륨 구름이 중력에 의해 뭉쳐져 항성으로 태어난다. 그런데 이 원자 혼합물에서 새로운 원자가 탄생하는 과정은 기존과 다르다. 이제 구름은 수소와 헬륨 이외에 더욱 무거운 원소들도 포함하는 다채로운 혼합물이다.

이 2세대 항성들은 초신성의 잔해로 구성되는데 원소가 무거울수록 항성의 회전하는 중력장 안으로 빨려 들어간다. 이 물질 중 일부는 항성 내부 용광로로 들어간다. 하지만 대부분은 성 밖을 둘러 판 연못처럼 항성을 둘러싼 고리를 형성한다.

금속과 암석이 뭉친 덩어리가 이 회전하는 중력장 안으로 모여들면 굳어서 행성이 된다. 태양계 행성들은 고대 항성 내부에서 태어난 원자들로 만들어졌다가 초신성이 일으키는 거대하고도 무시무시한 폭발에 휩쓸려 완전히 파괴된다.

이 내용은 헛된 추측이 아니다. 분광학의 발전으로 인류는 모든 사건을 목격했다. 우주는 잔해에서 탄생하는 행성과 거주민들이 환생을 되풀이하는 순환과정에 있다.

우주 먼지의 자손

우리가 어떻게 지구의 먼지에서 나왔는지, 그리고 자연에 속하게 되었는지를 다루는 많은 이야기가 다양한 문화권에 존재한다. 과학은 그런 이야기들보다 더 큰 감동을 안겨준다. 그 이야기가 거짓이 아니라는 확신을 주기 때문이다.

우리는 인생에서 첫 9개월을 어머니의 배 속에서 어머니가 섭취한 음식을 통해 성장한다. 그 음식 원자들은 지구에서 왔으며, 이 지구는 오래전에 죽은 항성의 잔해로 만들어졌다. 수소를 제외한 우리 몸속 모든 원자는 항성의 중심에서 태어났고, 과거에 칼 세이건_{Carl Sagan}이 관찰했듯이 항성 물질로 이루어졌다.

밤하늘을 수놓은 별들은 아리스토텔레스가 믿었던 것처럼 에테르로 이루어진 초월적 존재가 아니다. 그 별들도 우리와 같은 물질로 만들어진다. 그들은 우리의 먼 친척이며, 우리는 죽은 뒤 그들에게 돌아갈 것이다. 지구가 불에 휩싸이면서 종말을 맞이하면 우리를 구성하는 원자는 우주로 퍼져나간다. 그리고 다른 행성 혹은 다른 살아 있는 존재의 일부가 될 것이다. 별을 숭배한 고대인들은 현명하게 그들의 신을 선택했다.

· 5장 ·

주기율표의 서막이 열리다

맛의 기록

화학물질을 성질에 따라 분류하는 것은 수천 년 전부터 인류의 목표였다. 오늘날 우리는 정교한 장비를 사용해 물질을 분류하지만 신체 감각만으로도 물질에 관한 정보를 놀랄 만큼 다양하게 얻을 수 있다.

인간의 혀는 신맛, 쓴맛, 짠맛, 단맛, 감칠맛 등 적어도 다섯 종류의 맛 수용체로 덮여 있다. 단맛 수용체에 딱 맞는 화학물질이 결합하면 뇌로 신호가 전달되어 섭취한 음식이 단맛이라 인식하게 된다. 수천 종류가 있다는 점만 제외하면 냄새 수용체도 맛 수용체와 같은 방식으로 작동하여 냄새를 구별한다.

입에 넣은 음식은 혀와 코로 동시에 감지된다. 후각과 미각의 조합이 음식마다 고유의 '맛'을 부여한다. 여기서 매운 음식은 예외다. 매운맛은 우연이 빚어낸 감각이다.

입은 맛뿐만 아니라 온도도 감지하여 우리가 너무 뜨거운 음식을 먹지 않도록 막는다. 우리 몸의 열 감지기는 'TRPV1 수용체'라고 부르는데 혀와 소화관 내부에 많이 있다. 어떤 화학물질은 우연히 열 감지기를 작동시켜 실제로는 그 부위가 차갑지만 뇌에는 뜨겁다는 신호를 보낸다. 이러한 혼란이 빚어낸 감각을 우리는 '매운맛'으로 인식한다.

1912년 미국 과학자 윌버 스코빌Wilbur Scoville은 음식의 매운맛을 수학적으로 측정하는 방법을 고안했고, 오늘날에도 이 시험법이 사용된다. 매운 화학물질을 시험 대상자가 느낄 수 없을 때까지 계속 희석한다. 대상자가 매운맛을 느끼지 못할 때까지 희석한 횟수가 스코빌 지수Scoville Heat Unit(이하 SHU)로 환산된다.

혀는 미량의 물질에도 민감하게 반응하기 때문에 일반적으로 SHU 값은 매우 크게 나온다. 할라페뇨 고추기름은 8,000회 희석 후에 맛이 느껴지지 않으므로 스코빌 지수가 8,000 SHU이며 타바스코 소스는 5만 SHU에 가깝다.[1]

이 글을 쓰는 현재 세계에서 가장 매운 고추는 웨일스 향신료 전문가 마이크 스미스Mike Smith가 육종한 드래곤 브레스Dragon's Breath다. 드래곤 브레스의 스코빌 지수는 240만 SHU에 이른다.[2] 이 수치는 후추 스프레이에 맞먹는다. 드래곤 브레스는 너무 매워서 먹으면 과민성 쇼크를 일으킬 수 있다. 그러나 세계에서 가장 매운 화학물질인 레시니페라톡신resiniferatoxin에 비하면 아무것도 아니다.

식물 백각기린Euphorbia resinifera 유액에서 추출한 성분인 레시니페라톡신은 급성독성이 있고 피부에 심한 화상을 입힌다. 이 때문에 누구도 이 물질로 미각 실험을 한 적은 없다. 따라서 우리는 이 물질의 스코빌 지수를 간접적으로 계산해야 한다.

1989년 헝가리 병리학자 아르파드 살라시Arpad Szallasi는 (쥐를 대상으로) 수행한 연구에서 캡사이신보다 레시니페라톡신이 TRPV1 수용체에 1,000배에서 1만 배 더 잘 결합한다는 것을 발견했다.[3] 캡사이신의 스코빌 지수가 1,600만 SHU이므로 레시니페라톡신은 대략 160억~1,600억 SHU일 것이다. 우리를 죽이기에 충분한 매운맛이다.

이 밖에도 우리 감각에 강한 충격을 안기는 다양한 화학물질이 있다. 세상에서 가장 달콤한 화학물질은 러그던에임lugduname이다. 일반적인 설탕보다 23만 배 더 달아서 먹으면 구토를 유발한다.[4]

가장 어두운 화학물질은 밴타블랙vantablack으로 그 위에 밝은 햇불을 비추어도 잘 보이지 않을 정도로 검다.[5]

냄새가 가장 심한 화학물질은 프로판티온propanthione과 메탄티올methanethiol이 공동 1위다. 먼 곳에서 풍겨온 이들 냄새가 사람들을 집단 무의식에 빠뜨리거나 구토하게 했으며 심지어는 사망에 이르게 했다.[6]

원소 전쟁

역사상 처음으로 원소를 찾으려고 시도한 사람은 피타고라스Pythagoras였다. 사람들 대부분은 피타고라스 하면 학교에서 배운 피타고라스의 정리를 떠올린다. 그런데 그가 세계 최초 사이비 종교 집단의 교주였다는 사실은 잘 언급되지 않는다.

피타고라스교의 계율 역시 널리 알려지지 않았다. 그 비밀을 폭로하면 추방당하기 때문이다. 그런데 피타고라스교 신자에게 '흰 닭 건드리기'와 '콩 섭취'가 금지된 행동이었다는 것은 어느 정도 알려져 있다.[7] 심지어 피타고라스는 콩밭에 들어가는 대신 사람들에게 얻어맞는 편을 선택했다. 결국 그는 밭 근처까지 쫓아온 분노한 군중에게 맞아 죽었다.[8]

우리가 피타고라스교에 대해 아는 유일한 사실은 신자들이 숫자를 원소로 여겼다는 것이다. 피타고라스와 그가 이끈 사이비 종교는 수학이 현실을 구성한다고 믿으며 수학적 질서를 숭배했다. 그들에게 주기율표는 1부터 순서대로 나열된 숫자들의 단순한 목록이었다.

다른 이들은 숫자보다는 형태가 있는 물질이 원소라고 생각했다. 우리는 1장에서 불이 원소라고 제안한 헤라클레이토스를 만났다. 4장에서 만났던 탈레스는 다양한 형태를 취할 수 있는 물이 원소라고 주장했다. 철학자 아낙시메네스Anaximenes는 공기가 가장 순수한 물질이라 주장했다.

기원전 5세기에 엠페도클레스Empedocles라는 사내가 원소를 둘러싼 다툼을 정리했다. 다른 사상가 중 누군가를 지지하기보다 외교적 접근 방식을 취한 그는 모든 주장이 어쩌면 전부 옳을지도 모른다고 제안했다. 그에 따르면 원소는 아마도 한 종류가 아니라 여러 종류일 것이다.[9] 엠페도클레스가 제시한 주기율표는 다음과 같은 형태일 것이다.

물 축축하다	**불** 뜨겁다
흙 갈색이다	**공기** 가볍다

이 놀랍고 간단한 해결책이 논쟁을 마무리하며 행복을 불러왔다. 원소 목록에서 탈레스는 물, 아낙시메네스는 공기, 헤라클레이토스는 불을 지켰으며, 콩밭에서 죽은 피타고라스에게는 아무도 관심을 기울이지 않았다.

오늘날에도 일부 사람들은 이러한 물질을 원소라고 생각하고 있으나 그에 대한 타당한 이유는 없다. 엠페도클레스의 주기율표는 정확한 지식이어서가 아니라 평화를 유지하기 위해 채택되었다. 때로는 이러한 거짓 정보가 대중이 선호하고 이해하기 쉽다는 이유로 인기를 끌기도 한다.

주기율표가 등장하다

앙투안 라부아지에가 공기는 질소와 산소의 혼합물이며 물은 수소와 산소의 화합물이라는 사실을 발견했다. 그 뒤 과학자들은 엠페도클레스의 4원소설을 폐기하고 진짜 원소를 얻기 위해 닥치는 대로 태우거나 녹이기 시작했다.

1789년까지 발견된 새로운 원소에 관한 모든 정보를 취합한 라부아지에는 전체 33종의 원소가 수록된 목록을 발표했다.[10]

그는 원소들을 네 부류로 나누었다. 눈에 보이지 않지만 공간을 채우는 기체, 반짝이며 산소 조건에서 불에 타는 금속, 산성 물질 생성에 쓰일 수 있는 비금속, 그리고 금속 및 비금속 범주에 포함되지 않는 토류earth.

라부아지에의 표는 추측이나 직감을 토대로 그리지 않은 최초의 원소 표였다. 그 모습은 다음과 같다.

기체	금속	비금속	토류
빛*	안티모니	인	생석회(산화칼슘) *
열*	은	황	마그네시아(산화마그네슘) *
산소	비소	탄소	바라이트(황산바륨)*
질소	비스무트	염산*	알루미나(산화알루미늄)*
수소	코발트	불산*	실리카(이산화규소)*
	구리	붕산*	
	주석		
	철		
	망가니즈		
	수은		
	몰리브데넘		
	니켈		
	금		
	백금		
	납		
	텅스텐		
	아연		

별 표시가 된 물질은 나중에 원소가 아닌 것으로 밝혀졌으나 첫 시도치고 라부아지에의 표는 상당히 훌륭했다.

물론 다른 화학자들에게도 물질을 분류하는 자신만의 방법이 있었다. 독일 화학자 요한 되베라이너Johann Döbereiner는 원소가 얼마나 유사하게 반응하는지에 따라 세 쌍씩 분류했다. 이를테면 리튬, 소듐, 포타슘은 동일한 반응을 나타낸다. 물과 격렬하게 반응하고 공기 중에서 광택을 잃으며 칼로 썰 수 있다(리튬 조각을 자르는 쾌감은 냉동실에서 방금 꺼낸 아이스크림을 써는 느낌과 같다).

황, 셀레늄selenium, 텔루륨tellurium도 비슷한 반응을 보였다. 세 원소 모두 고체 분말 형태로 산소와 반응하여 냄새가 강한 화합물을 생성했다. 되베라이너는 이들 그룹을 '세쌍원소'라고 지칭했으나 이러한 규칙성이 나타나는 뚜렷한 이유는 없었다.[11]

짧았던 음악회

현대 주기율표가 등장하기 전에는 1863년 영국 화학자 존 뉴랜즈John Newlands가 완성하려 했던 주기율표가 가장 유명했다.[12] 당시에는 원자 무게 측정법이 스웨덴 화학자 옌스 베르셀리우스Jöns Berzelius에 의해 정립되어 있었다(그는 오늘날 우리가 사용하는 원소기호도 도입했다).[13] 뉴랜즈는 베르셀리우스가 남긴 자료를 입수해 원소를 질량 오름차순으로 정렬했다. 이 작업을 하는 도중 음악에 쓰이는 음처럼 원소에도 주기적 규칙성이 있음을 발견했다.

서양음악 이론에서 주로 쓰는 음은 일곱 개밖에 없다. 특정 음에서 출발하여 음계에 맞춰 음정을 올리면 첫 번째 음과 여덟 번째 음은 높이만 다른 같은 음이다. 두 번째 음과 아홉 번째 음도 같은 관계다. 이 일곱 개 음으로 이루어진 한 세트가 옥타브다. 음높이를 올리면 인간의 귀가 더는 듣지 못하는 수준에 이를 때까지 음이 나선을 그리며 상승한다.

존 뉴랜즈는 같은 논리를 원소 표에 적용했다. 그는 다음 상위 그룹에 도달하기까지 반복되는 일곱 개의 범주가 있다고 주장했다. 처음 일곱 개 원소가 첫 번째 행을 이루고, 8번 원소가 1번 원소와 특성이 유사한 두 번째 행의 첫 번째 범주에 속할 것이다.

뉴랜즈는 원소 표의 세로줄 일곱 개를 '족family', 가로줄 여덟 개를 '주기period'라고 불렀다. '주기'라는 명칭에는 무언가가 규칙적으로 반복된다는 뜻이 담겼다. 원소에 '주기적' 특성이 있다는 아이디어를 존 뉴랜즈가 최초로 제안했다.[14]

원소의 주기성이 어느 정도는 진실인 것으로 밝혀졌지만 뉴랜즈의 표에는 사소한 결점 하나가 있었다. 이 같은 결점은 때때로 그 가설이 틀렸음을 알리기도 한다.

뉴랜즈가 원소 표를 구성했을 당시 알려진 원소는 63개였다. 이는 가로 8줄, 세로 7줄 표에 맞지 않았다. 그런데 그는 세로줄을 추가하거나 옥타브 개념을 버리는 대신 원소 몇 개를 표 한 칸에 밀어 넣기로 마음먹었다.

존재감이 남다른 금속원소 코발트cobalt를 표에 쿡 찔러 넣었다. 그러자 자기 위치를 올바르게 차지하던 다음 원소들이 밀려나면서 가설과 맞지 않게 되었다. 이를 확인한 뉴랜즈는 코발트와 니켈이 같은 원소라고 결론지었다. 하지만 두 원소는 같지 않다(재미있는 사실은 두 원소의 이름이 독일 요정 코볼트Kobold와 니켈Nickel에서 유래했다는 점이다).

뉴랜즈는 이들 원소가 다르다는 것을 알았지만 이 방법으로 원소표가 깔끔하게 유지되었으므로 더는 신경 쓰지 않았다. 이후 그는 바나듐vanadium과 란타넘lanthanum에게도 어색한 동거를 강요했다. 그런 식으로 그는 자기 생각에 맞추어 자료를 다듬었다. 우리는 과학에서 뉴랜즈의 방식을 두고 부정행위라 부른다.

이는 동물이 소, 금붕어, 비둘기라는 세 부류로 나뉜다고 주장하는 것과 같다. 누군가 호랑이를 보여주면 호랑이를 소라고 판단하고 같은 세로줄에 넣는 식이다.

게다가 뉴랜즈는 원소 특성을 체리피킹cherry-picking(불리한 사례는 숨기고 유리한 자료만 보여주며 자기 입장을 지키려는 편향적 태도 – 옮긴이)했다. 코발트는 광택이 흐르며 자성magnetic을 지닌 금속이지만 플루오린, 염소, 수소 및 다른 반응성 기체와 같은 선상에 놓였다. 그는 표에서 염소, 수소, 플루오린이 같은 부류에 속한다는 사실에 기뻐하면서도 코발트가 여기에 속하지 않는다는 것은 무시했다.

과학자는 자신의 가설이 언제 기각되었는지 정확하게 인식해야한다. 자연이 우리에게 아이디어가 틀렸다고 이야기하면 우리는 새로운 아이디어를 찾아야 한다. 인간은 자연에 어떠한 것도 강요해서는 안 된다.

뉴랜즈의 원소 표는 당시 과학계로부터 거부당하기는 했지만 결과적으로는 행복한 결말을 맞이했다. 모든 과학자가 이따금 의심스러운 아이디어를 발표하지만 과학계는 그런 과학자들을 깎아내리지 않고 너그럽게 이해한다. 그리고 아이디어 하나가 틀렸음이 밝혀져도 여전히 공정한 잣대로 다른 아이디어를 평가한다. 이러한 접근법은 뉴랜즈에게 도움이 되었다. 옥타브 가설은 틀렸으나 원소 특성에 주기적 규칙성이 있다는 아이디어는 맞았기 때문이다. 원소가 주기적 규칙을 따르는 것은 맞지만 규칙은 그의 예상보다 훨씬 복잡했다. 뉴랜즈는 원소 주기 특성을 발견한 공로를 인정받아 1887년 영국 왕립학회Royal Society가 수여하는 데이비 메달Davy Medal을 받았다.

꿈을 꾸는 남자

드미트리 멘델레예프Dmitri Mendeleev는 1834년 시베리아에서 13남매 중 막내로 태어났으리라 추정된다. 아버지가 앞을 못 보게 되자 멘델레예프는 가족의 생계를 꾸리기 위해 과학 가정교사로 일했다. 그가 가르치는 모습을 본 사람들에 따르면 멘델레예프는 과학을 향한 열정이 넘치는 동시에 그 내용을 전달하는 기법에도 관심이 많은 훌륭한 지식 전달자였다고 한다.

멘델레예프가 15세가 되자 어머니는 아들을 대학에 보내기로 결심했다. 두 사람은 걸어서 러시아를 가로지르며 방문할 수 있는 대학에 모조리 지원했다. 모자의 여행이 1년 가까이 지속되면서 어머니는 건강이 무척 나빠졌다. 그녀는 상트페테르부르크에 도착한 뒤 목숨을 잃었다. 그나마 아들이 상트페테르부르크 주립대학에 진학하여 화학과 교육학을 복수전공하는 모습은 지켜볼 수 있어 다행이었다.

멘델레예프는 얼마 지나지 않아 러시아에서 가장 뛰어난 화학자 중 한 사람이 되었다. 특히 기억력에만 의존해 몇 달 만에 방대한 분량의 교과서를 집필하고, 러시아 최초의 정유 공장을 짓는 데 기여한 것으로 유명했다.

멘델레예프는 일 년에 한 번 수염을 깎고, 다른 학생이나 교수들과 불꽃 튀는 언쟁을 벌이는 거침없는 사내였다. 그가 과학사에 남긴 가장 큰 업적은 원소의 주기성이 제대로 반영된 최초의 주기율표를 만든 것이다.[15]

놀라운 업적을 남기기 며칠 전 멘델레예프는 원소기호가 적힌 카드 한 세트를 만들었다. 원소의 화학 특성을 반영하여 1인용 카드놀이를 개발한 것이다. 그는 카드를 가지고 놀면서 숨은 규칙성을 발견해 원소를 체계적으로 분류할 수 있기를 바랐다.

친구 알렉산드르 이노스트란체프Alexander Inostrancev에 따르면 멘델레예프는 사흘간 잠도 자지 않고 게임에 몰두했다고 한다. 그러다 1869년 2월 17일 오후 결국 기진맥진해 쓰러졌다.

그는 가지고 놀던 카드에 둘러싸여 잠이 들었고, 일생에서 가장 생생한 꿈을 꾸었다. 꿈속에서 카드들은 멘델레예프의 눈앞에서 춤을 추고 있었는데 그가 그토록 알아내려 했던 규칙성과 완벽하게 맞는 위치에 놓여 있었다.[16]

분명 원소는 어떠한 주기를 따랐으나 그 주기를 알아낸 사람은 없었다. 발견하지 못한 원소가 아직 남아 있었기 때문이다.

그때까지 사람들은 무작위로 발견한 원소들을 색상, 반응성, 전도성, 열적 특성 등 이름을 댈 수 있는 기준이라면 무엇이든 가져다가 분류했다.

멘델레예프는 원소를 질량순으로 배열한 뒤 아직 발견하지 못한 원소가 남아 있음을 깨달았다. 잘못된 위치에 놓인 듯한 원소가 알고 보니 아직 발견되지 않은 원소의 옆자리에 놓여야 했다.

당시 32번 원소는 순수하게 분리되지 않았고, 61번과 72번 원소는 발견되지 않았다. 원자번호순으로 원소를 나열해야 주기성이 드러난다는 멘델레예프의 법칙을 알았더라면 사람들은 각 번호에 대응하는 원소를 찾았을 것이다. 특히 저마늄germanium, 프로메튬promethium, 하프늄hafnium을 발견해 비어 있는 자리에 올바르게 집어넣었을 것이다.

풀리지 않았던 의문의 해결책

1932년에 이르러 인류는 원소가 원자로 존재하며 원자는 양성자와 중성자, 전자로 이루어졌다는 사실을 알았다. 그런데 모든 원자가 똑같이 세 종류의 입자로 만들어졌다면 원소별 특성이 이토록 다른 이유는 무엇일까?

원자번호 35번 브로민bromine은 끈적한 적갈색 액체로 금속을 부식시키고 사람 피부에 화상을 입힌다. 다음 36번 원소는 크립톤krypton으로 냄새가 나지 않고 반응성도 없는 투명한 기체다. 두 원소 사이의 유일한 차이점은 양성자와 전자 한 개뿐인데 왜 이들은 비슷하게 행동하지 않을까?

되베라이너의 세쌍원소 가설에서는 어떤 교훈을 얻을 수 있을까? 29번, 47번, 79번 원소는 구리, 은, 금으로 모두 광택이 흐르고 얇게 잘 펴지는 금속이다. 이들 세 원소는 어째서 같은 특성을 보일까?

4번 원소는 반짝이는 고체인데 왜 5번 원소는 갈색 분말일까? 9번 원소는 반응성이 크지만 10번 원소는 반응성이 낮은 이유가 무엇일까? 왜 11~14번 원소에는 전기가 흐르지만 15~18번 원소에는 전기가 흐르지 않을까?

규칙성을 발견하려는 시도가 전부 실패해도 가설은 일부 유리한 부분이 아니라 모든 현상을 설명할 수 있어야 한다. 양성자, 중성자, 전자 모델로 원소들 사이의 특성 차이를 설명할 수 없다면 우리는 그 모델을 폐기해야 한다.

상상력을 총동원해도 모든 원자는 똑같이 세 종류의 입자로 구성되었으나 공간상 서로 다르게 배열되어 있다는 설명만 가능했다. 과거에 데모크리토스는 원자가 서로 다른 형태로 존재한다고 주장했다(이리저리 쉽게 이동하는 불은 원자가 둥근 반면 '쓴맛' 원자는 날카롭고 울퉁불퉁함). 그는 올바른 방향으로 나아간 것일까?

물리학자들이 현대 과학에 가장 중요한 이론 하나를 발견하면서 도출된 해결책이 마침내 주기율표의 최종 형태를 결정했다. 바로 양자역학이다.

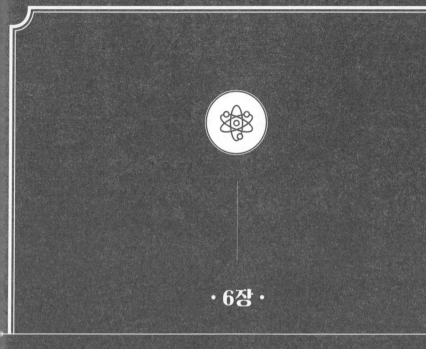

· 6장 ·

양자역학으로 해결된 주기율표

슈뢰딩거 방정식과 주기율표

양자역학에 대한 안 좋은 소문이 많다. 많은 사람이 양자역학에 대해 알고 있지만 그 내용이 기이하다는 것과 어쨌든 거기에 충분한 가치가 있다는 이야기도 들은 적 있을 것이다. 그런데 최근 몇 년 동안 양자역학에 등장하는 몇몇 어휘가 심령주의자들에게 인용되면서 온갖 터무니없는 이야기가 떠돌게 되었다. 이는 슬프게도 양자역학에 관한 오해를 부추겼다. 내가 하는 말을 오해하지 않았으면 한다. 영성을 주제로 이야기를 나누는 것은 아무 문제가 없지만 양자역학 어휘에 다른 의미를 덧씌우는 행동은 바람직하지 않다. 따라서 양자역학을 논할 때는 신중해야 한다.

먼저 양자역학이란 하나의 아이디어가 아니라 세상을 가장 미세한 수준에서 설명하는 정교한 이론의 집합체라는 점을 말하고 싶다. 전자, 핵, 빛의 움직임과 그들 사이의 상호작용이 전부 양자역학으로 설명되므로 화학에도 이 이론은 매우 중요하다.

양자역학을 자세히 다루려면 책 한 권을 다시 써도 모자라다. 따라서 이 책에서는 주기율표를 만드는 과정에 도움이 된 이론, 즉 오스트리아 물리학자 에르빈 슈뢰딩거Erwin Schrödinger가 주창한 이론만을 논할 것이다.

슈뢰딩거는 생전에 주위 사람들을 불편하게 하는 상황을 수없이 만들었다. 그 결과 많은 대학과 기관으로부터 자리에서 물러나 달라는 요청을 받았다. 이것은 학문적 성과 때문이 아니었다. 그는 과학계에 훌륭한 업적을 남겼다. 슈뢰딩거가 그러한 요청을 받은 이유는 부인 안네마리, 여자 친구 힐데와 삼자 관계를 맺고 살았던 탓이다.

슈뢰딩거가 과학사에 남긴 가장 중요한 업적은 슈뢰딩거 방정식이다. 이 방정식이 주기율표의 형태를 결정하며 원소들이 왜 이런 특성을 보이는지 설명한다. 방정식은 다음과 같다.

$$H|\Psi\rangle = i\hbar \frac{\partial|\Psi\rangle}{\partial t}$$

나는 슈뢰딩거 방정식이 이따금 사람들을 미치게 만든다는 것을 안다. 하지만 이번 이야기에서는 슈뢰딩거 방정식을 무시한 채 그냥 넘어갈 수 없다. 방정식이 두렵지 않고, 도전 의욕이 넘치는 독자들을 위해서 부록 III에 그것이 무엇을 의미하는지 간단히 설명해 놓 있다.

슈뢰딩거가 어떻게 방정식을 도출했는지는 아무도 확신하지 못한다. 그가 정확한 기록을 남기지 않았기 때문이다. 혹자는 그가 어느 날 아침 일어나서 아래층으로 내려가 직감으로 수식을 써내려갔다고 주장한다. 이 방정식은 나중에 검증을 거쳐 옳다는 것이 증명되었다.

슈뢰딩거 방정식은 원자핵 근처를 휙 지나다니는 전자들이 어디쯤 있을지 가르쳐준다. 먼저 전자의 특성(질량, 속도 등)을 알아낸 다음, 원자의 양성자가 얼마나 강하게 그 전자를 끌어당기는지 계산한다.

주어진 원자를 방정식으로 풀면 우리는 전자의 위치와 전자가 공간에 남기는 궤적의 형태를 삼차원으로 기술할 수 있다.

슈뢰딩거 방정식의 해를 구하면 전자가 원형 궤도를 따라 이동하지 않는다는 것을 알 수 있다. 동물원에 있는 동물들이 다양한 울타리 안에서 사는 것처럼 원자핵은 전자가 나타나는 여러 형태의 영역에 둘러싸여 있다. 우리는 그러한 영역을 '오비탈orbital' 혹은 '전자구름electron cloud'이라 부른다.

어떤 전자는 구형 오비탈 안에 있고, 다른 전자는 원자의 위아래로 배열된 아령 형태의 오비탈을 점유한다. 원자에 전자가 많을수록 더 많은 궤도가 존재하며 원자 모양은 더욱 화려해진다.

궤도가 특정 형태를 지니는 이유는 전자가 어느 정도 파동 특성을 나타내며 움직이기 때문이다. 전자는 일직선으로 움직이는 당구공이 아니라 한 지점에서 다른 지점으로 퍼져가는 물결과 같다. 이때 파동은 특정 형태로만 존재하기 때문에 전자 오비탈도 마찬가지로 특정 모양으로 결정된다.

전자 다섯 개를 지닌 붕소boron 원자는 아래 왼쪽 그림과 같은 형태의 오비탈에 전자들이 분산된다. 그런가 하면 전자가 여섯 개인 탄소는 새로운 형태의 오비탈이 도입되어 오른쪽 그림과 같이 보인다.

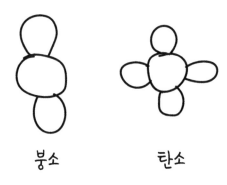

붕소   탄소

종류가 다른 원자가 제각기 다른 모습으로 존재한다는 사실은 왜 원자들이 이토록 이해하기 어려운 화학적 거동을 보이는지 설명한다. 원자는 서로 다른 방식으로 쌓이고, 다른 각도로 결합하고, 다른 공간을 채운다.

특정 원소를 슈뢰딩거 방정식으로 풀면 왜 이웃 원소와 특성이 다른지 알게 된다. 전자 수가 비슷한 원자들이 형태까지 비슷한 것은 아니다. 또한 슈뢰딩거 방정식은 처음 주기율표를 보는 학생이 공통적으로 던지는 질문에 답을 준다.

주기율표는 왜 이런 모양일까?

표는 행과 열로 구성된 반듯한 직사각형이어야 한다. 5장에서 살펴본 라부아지에의 원소 표처럼 말이다. 오늘날 통용되는 주기율표는 침팬지가 멋대로 컴퓨터 키보드를 분해하여 진공청소기를 돌린 다음 접착제를 발라 다시 조립해 놓은 결과물처럼 보인다. 이것은 전혀 표처럼 보이지 않는다. 그렇다면 누가 주기율표를 이런 형태로 고안했을까? 왜 모든 이들이 "응, 이 표는 잘 맞는 것 같아"라고 수긍할까?

여기서 우리가 고마워해야 할 사람은 노벨상을 수상한 스위스 화학자 알프레트 베르너Alfred Werner다. 베르너는 1905년 〈주기성이 내포된 체계의 발전에 기여하다〉라는 매력적인 제목의 짧은 글을 발표했다.[1] 주기율표가 처음으로 오늘날의 형태를 갖춘 것이 바로 이때다.

먼저 원자번호 1번부터 10번까지 생각해보자. 아니, 그러지 않는

편이 낫겠다. 우선 원소 1번과 2번은 무시하고, 원소 3번부터 시작
하자(이유는 잠시 후에 설명하겠다).

원소들을 순서대로 늘어놓으면 다음과 같다.

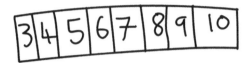

슈뢰딩거 방정식 덕분에 우리는 전보다 더욱 똑똑하게 원소들을
줄 세울 수 있다. 이 가로줄의 첫 두 원소는 전자들이 구형 오비탈에
들어간다. 반면 다음 여섯 원소는 전자들이 아령형 오비탈을 점유한
다. 이로써 우리는 다음과 같이 두 구역으로 원소를 구분할 수 있다.

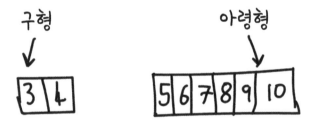

다음 원소 여덟 개는 오비탈 형태가 앞쪽 원소 여덟 개와 같다. 따
라서 원자 크기가 더 크지만 화학 특성은 앞쪽 원소들과 매우 유사
하다. 이러한 사항을 표현하기 위해 뉴랜즈가 제시한 주기성 아이디
어를 차용한다. 두 구역으로 구분된 두 번째 가로줄을 다음과 같이

추가한다.

주기율표에서 세로줄은 오비탈의 형태를 나타낸다. 아래쪽으로 내려갈수록 원자 오비탈은 크기만 점점 커진다.

원자번호 21번에 도달하면 새로운 형태의 오비탈이 등장한다(양자역학적으로 그렇다). 21번 원소 스칸듐부터 30번 원소 아연까지 이들 원소의 최외각 전자는 아령이 아니라 풍선 묶음처럼 생긴 오비탈을 점유한다. 주기율표에도 새로운 구역을 도입해야 한다. 31번 원소는 다시 아령형으로 돌아가는데 여기까지 반영한 주기율표는 다음과 같다.

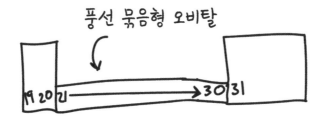

신경에 거슬리긴 하지만 원소 크기가 점점 커질수록 형태가 이상

한 오비탈이 등장하는 것은 자연법칙이다. 그러한 이유로 주기율표는 생김새가 반듯하지 않다. 주기율표의 형태는 자연이 만들었다.

자, 가로줄(주기) 하나를 왼쪽에서 오른쪽으로 읽으면 양성자 개수가 오름차순으로 증가하고, 세로줄(족)은 원자가 어떠한 형태를 띠는지 가르쳐준다. 한 주기의 맨 끝에 도착하면 다음 주기로 내려간다.

알프레트 베르너가 알려진 원소와 오비탈 형태를 모두 반영하자, 주기율표는 다음과 같이 완성되었다.

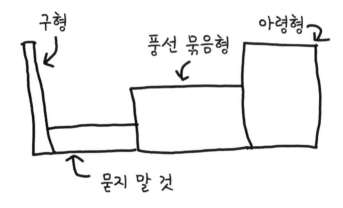

아이오딘iodine에 대해 알고 싶다고 가정하자. 왼쪽에서 오른쪽으로 세면 53번 원소로, 이는 아이오딘에 양성자 53개와 전자 53개가 포함되어 있음을 가르쳐준다. 아이오딘은 또한 아령형 오비탈을 지니는 오른쪽 구역에 속한다. 다른 원자와 어떠한 각도로 결합할지 예상할 수 있다.

아이오딘 위에는 염소와 플루오린이 있는데 모두 색이 있는 비금속이다. 이들과 같은 세로줄에 속하는 아이오딘 역시 색이 있는 비금속일 것이다. 그런데 아이오딘은 두 원소보다 주기가 낮은 만큼 밀도는 더 높을 것이다. 아니나 다를까, 우리가 주기율표로 예상한 내용은 실제 아이오딘의 특성과 정확히 일치한다.

아무도 발견한 적 없는 원소의 성질을 주기율표를 근거로 추정할 수도 있다. 아이오딘 바로 아래에는 지구 지각에서 가장 희귀한 원소 아스타틴astatine이 있다(지구 전체에 1그램 미만 존재). 만일 아스타틴 샘플을 입수하게 된다면 여러분은 그 원소가 밀도 높은 아이오딘처럼 거동하는 모습을 관찰할 수 있을 것이다.

간단하게 만들기

아마 지금쯤이면 여러분은 주기율표가 그려진 주변의 물건(티셔츠, 마우스 패드, 샤워 커튼, 필통, 공책)을 보면서 앞에서 설명한 주기율표가 아직 완성형이 아니라는 사실을 눈치챘을 것이다. 주기율표를 완전히 펼치면 좌우로 너무 길어져 읽기 어려우므로 구역 하나를 아래 방향으로 내린 다음 떨어져 있는 두 구역을 붙여서 다음과 같이 간단하게 표기한다.

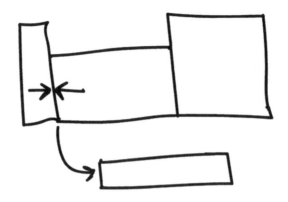

1945년 글렌 시보그Glenn Seaborg가 제안한 이 주기율표 형태는 읽기 편리하고, 그가 과학 대중화에 많은 업적을 남겼다는 이유로 곧 표준으로 자리 잡았다.[2] 그런데 이 주기율표에는 원소 1번과 2번이 빠져 있다. 수소와 헬륨은 오비탈이 구형이므로 각각 1족과 2족에 속할 것이다.

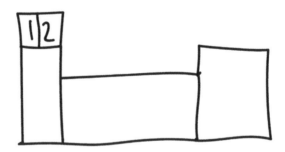

위의 주기율표는 1934년 하비 화이트Harvey White가 고안한 것이다. 슈뢰딩거 또한 수소와 헬륨을 이렇게 배열했을 것이다.[3] 그런데 수

소와 헬륨은 크기가 너무 작은 탓에 해당 구역의 다른 원소들과 특성이 같지 않다.

실제로 수소와 헬륨은 테이블 맞은편 구역에 배치된 원소들과 공통점이 더 많다. 우리가 반응성을 기준으로 원소 자리를 다시 고른다면 결국 다음과 같이 정해질 것이다.

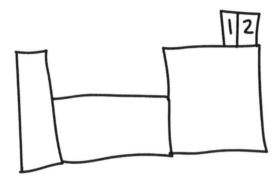

이 그림은 1928년 화학자 에른스트 리젠펠트Ernst Riesenfeld가 그린 주기율표다(멘델레예프라면 이것과 동일하게 두 원소 위치를 정했을 것이다).[4]

글렌 시보그는 성가신 두 원소를 어디에 둘지 결단을 내리지 못하다가 수소와 헬륨을 떼어내 각각 왼편과 오른편에 둬보기도 했다 (1945년에는 수소가 두 개의 족에 동시에 속하도록 배열한 적도 있다).[5]

최종 합의안은 계산된 전자 오비탈을 고려하는 슈뢰딩거 방식과 화학 특성을 기준으로 삼는 멘델레예프 방식을 모두 인정하는 것이었다.

그래서 오늘날 사람들은 수소와 헬륨을 분리해 테이블 양쪽 끝에 하나씩 둔다. 논리적으로 타당하지는 않지만 이것은 주기율표를 만든 과학자 두 명 모두에게 바치는 멋진 헌사다. 자, 어떤가. 주기율표가 우리 손에 들어왔다.

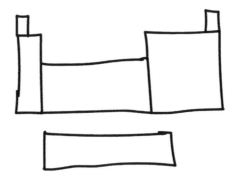

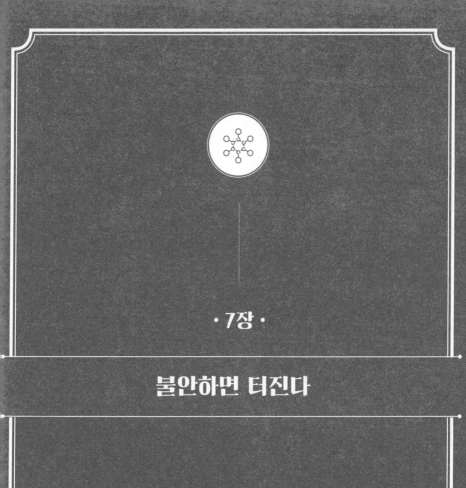

· 7장 ·

불안하면 터진다

폭발물은 불안한 화학물질

핵무기를 제외한 폭발물은 대부분 같은 방식으로 작동한다. 첫째, 매우 불안정한 물질을 합성한다. 화학에서 '불안정'이란 기회만 있으면 분해된다는 의미다. 둘째, 충격으로 인해 분해된 물질이 안정한 물질로 재배열된다. 물질이 재배열되는 동안 많은 양의 에너지가 빛과 열 형태로 방출된다.

소량의 고체나 액체로 이루어진 폭발물은 급속히 팽창하여 부피가 큰 기체가 된다. 이 갑작스러운 팽창과 열과 빛이 합쳐진 결과물을 우리는 폭발이라 부른다.

어떤 물질은 너무 불안정해서 조금만 자극해도 반응하기 시작한다. 화약은 촛불만 갖다 대도, TNT는 불꽃만 튀어도 분해된다. 어딘가에 부딪히면 폭발하는 화학물질인 풀민산은silver fulminate은 조그만 종이 꾸러미에 담겨 어린이 장난감으로도 판매된다. 종이 꾸러미를 땅에 던지면 충격을 받아 퍽 하는 소리를 낸다.

불꽃놀이 원리도 이와 비슷하다. 금속 분말이 공중으로 발사되고 내부 도화선이 연소하기 시작하면 젤 형태의 기폭제가 폭발을 일으키며 기체로 변한다. 기체가 팽창하면서 공중에 뿌려진 금속 분말은 뜨거워진 주변 온도의 영향을 받아 산소와 반응하여 불꽃을 일으킨다.

앞서 4장에서 보았듯이 원소는 제각기 다른 색상의 빛을 낸다. 따라서 특정 금속을 선택하면 원하는 불꽃색을 얻을 수 있다. 소듐은 노란색, 바륨은 녹색, 구리와 스트론튬strontium은 파란색과 빨간색을 낸다. 보라색 불꽃은 만들기 힘든 것으로 유명한데 보통 구리와 스트론튬을 혼합하여 얻는다.

모든 폭발물은 불안한 화학물질로 만들어진다. 지금까지 개발된 가장 불안정한 물질은 2011년 화학자 토마스 클라푀트케Thomas Klapötke가 합성한 아지도아지드 아지드azidoazide azide다. 아지도아지드 아지드는 질소 원자 14개와 탄소 원자 2개로 이루어져 있다. 이들은 팽팽하게 연결된 고리에 가지가 달린 분자 구조로 여유 공간 없이 똘똘 뭉쳐 있다. 게다가 원자 사이의 결합들이 심하게 비틀려 있어서 주위 환경이 조금만 변해도 그 즉시 폭발한다.

이 물질은 클라푀트케가 물에 녹이려 하자 폭발했다. 실험실을 가로질러 옮기려 했을 때도, 그리고 평소처럼 물질 앞에서 숨을 들이

마셨을 때도 폭발했다. TV 리모컨에서 나오는 빛인 적외선을 비춘 경우에도 폭발했다.[1]

성능 좋은 폭발물이 되려면 때를 잘 맞춰 터져야 한다. 그러려면 폭발 물질이 운반은 가능할 정도로 안정하되 폭발할 만큼은 불안정해야 한다. 따라서 로켓연료로 아지도아지드 아지드를 선택하는 것은 현명하지 않다. 삼플루오르화염소를 사용하는 것도 마찬가지로 끔찍할 것이다. 차라리 알프레드 노벨Alfred Nobel이 오래전에 발명한 다이너마이트를 고르는 편이 낫다.

죽음의 상인이 죽었다

누군가 죽었을 때 그 사람을 나쁘게 말하는 행동은 금기시되므로 우리는 망자에 대해 좋은 말만 한다. 그런데 1888년 4월 13일 알프레드 노벨의 부고가 발표되었을 당시는 그렇지 않았다. 프랑스의 한 신문이 〈죽음의 상인이 죽었다〉라는 제목 아래 "과거 그 어느 때보다 많은 사람을 빠르게 죽이는 법을 발견해 부자가 된 알프레드 노벨 박사가 어제 사망했다"라는 내용의 기사를 실었다고 한다.[2]

많은 이들이 위대한 과학자를 그런 식으로 추모하는 신문을 탐탁지 않게 여겼다. 그런 생각을 한 사람 중에는 알프레드 노벨 본인도 있었다. 그는 실제로 죽지 않은 덕분에 자신의 부고 기사를 읽을 수 있었다. 이는 알프레드의 형 루드비히 노벨Ludvig Nobel이 사망하자 신문사가 두 형제를 오인하고 강력한 비난이 담긴 기사를 발표하면서 벌어진 일이었다.

노벨은 부고 기사 사건이 일어나기 21년 전에 다이너마이트를 발명한 뛰어난 화학자였다. 그가 다이너마이트를 개발한 최초 의도는 광산 개발이었으나 그 발명품이 군사적 목적으로 응용되리라는 건 불 보듯 뻔했다. 노벨은 자신이 세상에 무엇을 남겼는지를 분명히 깨달았다. 유언장 내용을 바꾸기로 결심한 뒤 본인의 막대한 재산 3,100만 크로나(현재 가치로 2,300억 원 이상)를 '인류의 가장 큰 이익을 위해' 일한 사람에게 수여할 상금으로 남겼다. 상은 문학과 평화를 비롯한 세 종류의 과학 분야에 업적을 남긴 사람들에게 수여하기로 했다. 이것이 노벨상이다.[3]

부고를 게재한 신문사는 〈이디오티 쿼티디에Idiotie Quotidienne〉로 알려졌다. 나는 그 부고 기사가 실제로 발행되었음을 증명하는 문서를 찾으려 필사적으로 노력했지만 끝내 어떠한 증거도 찾지 못했다.[4] 신문사 이름을 번역하면 '일간 멍청이Daily Idiocy'가 된다는 사실은 부고 이야기가 날조되었음을 알리는 근거가 될 수 있다. 노벨의 전기를 쓴 작가 중 몇몇은 이 이야기를 끈질긴 헛소문으로 치부한다.[5]

이 이야기는 교훈을 담은 허구일 수도 있고, 어쩌면 형의 죽음에 대한 노벨의 반응을 소재로 꾸며낸 것일 수도 있다. 부고 사건이 사실이든 아니든 노벨상은 지금도 과학계에서 가장 권위 있는 상이라 불린다. 10억여 원에 달하는 상금은 전부 다이너마이트로 축적한 노벨의 재산에서 나온다.

다이너마이트의 구조와 작동 원리는 간단하다. 규소가 주성분인 다량의 돌가루를 나이트로글리세린nitroglycerine이라는 화학물질에 푹 적신다. 이것을 관에 넣고 도화선을 꽂는다. 도화선에 불을 붙이면 열이 나이트로글리세린에 젖은 돌가루로 전달되어 펑 터진다.

나이트로글리세린은 앞서 언급한 불안정한 화합물 중 하나다. 탄소, 질소, 산소, 수소 원자로 구성된 이 화합물은 스스로 반응하는 물질로 나이트로글리세린 입자 하나가 다른 입자와 반응한다. 그 결과 대부분이 이산화탄소인 다량의 기체와 물을 분출한다.

폭발하면서 기체는 원래 부피의 1,200배 넘게 팽창하고, 온도는 5,000도까지 치솟는다. 이때 반응 속도는 무척 빠른데 부피 팽창과 온도 상승이 불과 1마이크로초µs 만에 일어날 정도다.

이 모든 내용이 우리가 이번 장에서 확인하려는 내용이자 다음 질문에 대한 답으로 이어진다. 화학반응은 왜 일어날까? 화학물질이 불안정하다고 말할 때 그것은 구체적으로 무엇을 의미하며 원자는 서로 어떻게 결합할까? 이를 전부 이해하려면 우리는 양자 바닷속으로 좀 더 깊숙이 들어가 잠수해야 한다.

양자 도약

화학이라는 단어는 연금술에서 유래했다. 화학반응에는 전자가 관여하므로 화학보다 전자공학이 더 적합한 명칭일 것이다. 원자핵은 원자 반지름과 비교해 무척 작다. 따라서 다른 모든 대상과 상호작용하는 것은 원자 외곽에 존재하는 전자들이다.

전자는 늘 움직인다. 움직임을 멈출 수 있다면 애초에 전자는 존재하지 않았을 것이다. 움직이지 않는 전자가 존재할 가능성은 사변삼각형보다 낮다.

전자가 움직인다고 인정한다면 원자 내 전자가 할 수 있는 행동은 두 종류밖에 없다. 핵으로부터 멀어지거나 가까워지는 것이다. 전자의 이 두 가지 움직임이 여러분이 만나게 될 거의 모든 화학반응을 뒷받침한다.

슈뢰딩거 방정식에서 얻은 오비탈 개념을 다시 살펴보자. 오비탈이란 전자가 시간을 보내는 원자핵 주변 지역이다.

오비탈이 전자에 허용된 영역이긴 하지만 평생 같은 지역에만 머물도록 전자가 제한당하는 것은 아니다. 전자는 도약할 수 있다. 한 오비탈에서 다른 오비탈로 전자가 도약하는 현상을 '양자 도약quantum leap'이라 부른다. 이는 두 오비탈 사이에서 일어나며 심지어 비어 있는 오비탈에서도 발생할 수 있다.

전자는 양성자와 반대 전하를 띠기 때문에 원자핵에서 가까운 오비탈에 머무르기를 선호한다. 하지만 전자가 바라는 일만 이루어지지는 않는다. 만약 가장 안쪽 오비탈이 전자로 채워져 있다면 다른 전자들은 그보다 바깥쪽에 머무를 수밖에 없다.

원자는 북적이고 혼잡한 공간이다. 특히 원자핵에서 가까운 오비탈은 모든 전자가 가고 싶어 하는 명당이다. 만일 원자 안쪽 오비탈을 차지하던 전자가 이탈하면 그보다 바깥에 있던 전자가 양자 도약하여 이탈한 전자를 대신할 것이다.

그런데 양자 도약은 무작위로 일어나지 않는다. 화학에서는 이를 전자가 빛을 흡수하면서 바깥쪽 오비탈로 이동하거나 빛을 방출하면서 안쪽 오비탈로 이동한다고 설명한다.

빛의 종류에 따라 전자 이동을 촉진하는 능력은 다르다. 청색광이 전자를 멀리 떨어진 오비탈까지 이동시키는 반면 적색광은 전자를 바로 위 오비탈로만 이동시킬 수도 있다. 같은 관점에서 멀리 떨어진 오비탈에 있던 전자가 원자핵 근처로 이동할 때는 청색광을 방출한다. 반대로 이미 핵 근처에 있던 전자가 핵에 더 가까워지면 적색광을 방출한다.

앞에서 설명한 불꽃놀이와 분광기의 작동 원리도 이와 유사하다. 전자가 오비탈에 배치된 상태는 원자마다 다른 까닭에 모든 원자는 빛을 흡수하거나 방출하면서 고유의 스펙트럼을 나타낸다. 전자가 한 오비탈에서 다른 오비탈로 도약할 때는 전자 이동이 발생하는 두 오비탈 사이의 거리가 어떤 종류의 빛을 흡수하거나 방출할지 결정한다.

이쯤 되면 사람들은 보통 '왜 전자는 빛을 흡수하거나 방출할까?'라고 묻는다. 질문에 이런 답변을 하게 되어 미안하지만, 그냥 자연이 원래 그런 식이기 때문이다. 이것은 빅뱅으로 우주가 팽창하는 동안 세워진 기본 법칙이다. 중력 법칙에 따라 공이 언덕 아래로 굴러 내려가듯이 전자는 양자역학 법칙에 따라 빛을 방출하거나 흡수한다.

능력과 안정성

앞에서 우리는 다른 빛과 비교하여 전자 움직임을 촉진하는 능력이 뛰어난 빛이 있다고 이야기했다. 과학에서는 능력이라는 단어를 에너지라는 단어로 대체해 쓰기도 한다. 에너지는 사용하기가 까다롭고 오해의 소지도 있는 단어여서 나는 지금까지 이 책에서 되도록 언급을 피하고 있었다.

흔히 사람들은 에너지가 여기저기로 전달되는 물체인 것처럼 이야기하지만 사실은 그렇지 않다. 여러분은 에너지 덩어리를 보유할 수 없지만 물질 덩어리는 보유할 수 있다. 그 물질에 폭발 능력이나 다른 사물을 강타하는 능력, 즉 에너지가 담길 수 있다.

양자화학적 맥락에서 에너지는 '전자를 더 높은 위치의 오비탈로 밀어내는 빛의 능력치'를 의미한다. 여러분은 가끔 과학자들이 원자 바깥쪽 오비탈에 있는 전자가 '에너지를 흡수'한 상태인데, 그 전자가 원자 안쪽 오비탈로 떨어지면서 에너지가 방출된다고 설명하는 것을 듣는다. 이는 간단하게 축약한 설명이다. 우리는 흡수되고 방출되는 것이 빛임을 분명히 알아야 한다. 빛은 전자가 움직이도록 유도하는 능력을 지닌다. 그러므로 에너지를 소유하지만 에너지 자체는 실체가 없다.

'능력'에 반대되는 의미는 '안정성stability'이다. 이는 전자가 떨어지면서 얼마나 많은 에너지를 잃는지 혹은 현재 오비탈에서 바깥쪽 오비탈로 이동하기를 얼마나 꺼리는지 나타내는 척도다.

핵에 가까운 안쪽 오비탈을 차지한 전자는 그 상태로도 행복하기에 변화하려는 의지가 적다. 우리는 이 상태가 화학적으로 '안정'하다고 표현한다. 그런데 에너지(빛을 방출하는 능력)를 많이 포함하는 바깥쪽 오비탈 전자는 행복하지 않다. 그래서 기회만 있으면 변화하려고 하므로 매우 불안정하다.

다음 그림은 전자가 빛을 흡수할 때 어떠한 일이 발생하는지 보여준다. 에너지 준위가 낮은 오비탈에서 높은 오비탈로 도약하면서 전자는 불안정해진다.

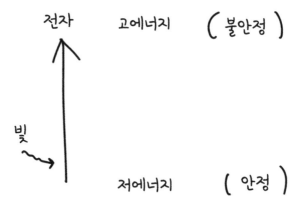

다음은 위 그림의 역과정을 나타낸다. 고에너지 전자가 좀 더 안정한 오비탈로 떨어지는 과정이다. 이 그림에서 유일하게 다른 점은 빛이 흡수가 아닌 방출된다는 것이다.

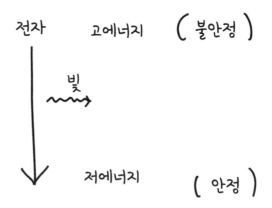

능력과 안정성은 항상 대립하며 전자의 행동을 지배한다. 에너지를 얻는다는 것은 안정성을 잃는 것과 같으며 그 반대 경우도 마찬가지다. 능력과 안정성 사이의 줄다리기가 반응의 진행 여부를 결정한다.

흔들고 비틀고 돌리기

빛의 종류가 다르면 원자에 미치는 영향도 다르다. 적외선은 전자와 상호작용을 하기에 에너지가 너무 낮아 우리 눈에 보이지 않는다. 그래서 오비탈들 사이에서 전자를 이동시키기보다 오비탈 자체를 쭉 늘리거나 비틀어버린다. 마이크로파microwave는 원자를 비틀고 구부리는 대신 회전시킨다는 점만 제외하면 적외선과 비슷하다.

적외선이나 마이크로파로 비추면 원자들은 춤추듯 움직이거나 서로 부딪히며 에너지를 교환하기 시작한다. 이런 현상도 궁극적으로 동일한 빛 전달 메커니즘(한 원자의 전자가 다른 원자의 전자에게 빛을 전달해 에너지 준위가 높은 오비탈로 그 전자를 이동시키거나 원자를 비틀고 회전시킨다)을 통해 발생한다. 하지만 원자의 충돌과 에너지 전달로 설명하는 편이 간편하고 이해하기도 쉽다.

원자의 비틀림과 회전을 우리는 열이라 부르며 적외선이나 마이크로파가 피부에 닿았을 때 온기를 느끼는 것도 그런 이유다. 또 음식이 함유한 물을 진동시키는 마이크로파의 특성이 전자레인지를 작동시키는 기본 원리다.

화학물질은 온도가 높을수록 원자들이 서로 부딪히면서 오비탈에 재배열, 뒤틀림, 회전이 일어날 가능성이 크다. 즉, 화학 반응물을 가열하는 행동은 일반적으로 반응 속도를 빠르게 한다.

화학결합

여러분이 원자핵에 속박된 전자가 된다고 상상해보자. 새로운 원자가 접근하면 새로운 원자핵이 여러분을 당길 것이다. 그 끌어당김이 충분히 강하면 여러분은 양쪽 원자핵 중간 지점에 위치한다. 이렇게 되면 여러분은 원자 오비탈 대신 분자 오비탈을 점유하게 된다. 분자 오비탈은 화학결합이라는 평범한 이름으로 널리 알려져 있다.

여러분이 처음 점유했던 원자 오비탈보다 분자 오비탈 에너지가 낮다고 해보자. 거리가 가까워진 두 원자 사이의 전자는 분자 오비탈을 채우며 빛을 방출할 것이다. 원자들 사이에 결합이 형성되었고, 우리는 화학반응을 수행했다.

수소와 산소로 채워진 풍선 안에서는 두 종류의 원자 모두 자유롭

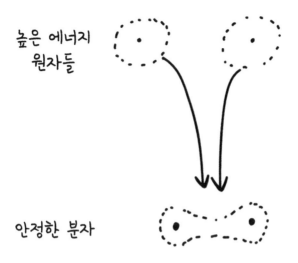

높은 에너지
원자들

안정한 분자

게 떠다닌다. 하지만 수소와 산소가 반응하여 각 원자 내 전자들이 분자 오비탈을 채우면 원자 사이에 결합이 만들어지면서 H_2O 분자가 생성된다.

에너지 준위가 낮은 분자 오비탈로 전자가 떨어지면 모든 에너지는 가시광선과 적외선(열) 형태로 방출된다. 그리고 앞에서 헨리 캐번디시가 관찰했던 폭발이 일어난다.

여러분은 원자뿐 아니라 분자 오비탈에서도 출발할 수 있다. 나이트로글리세린 분자 내 결합은 에너지가 매우 높다. 그 결과 이산화탄소나 물 같은 좀 더 안정한 오비탈을 지닌 분자로 쉽게 분해된다. 분자 내 모든 전자가 낮은 에너지 준위로 떨어지면서 막대한 에너지를 방출하는 현상이 우리가 관찰하는 폭발이다.

불안정에서 안정으로

화학의 기본 원리는 간단하다. 한 오비탈 집단에서 출발하여 다른 오비탈 집단에 도착하는 것이다. 그런데 기존 분자에서 벗어나기가 어려울 수도 있다. 분자 오비탈 전자들은 좀 더 행복한 상태로 간다는 사실을 눈치채지 못한다. 우리가 원하는 상태로 그 전자들을 떨어뜨리려면 분자에 에너지를 가해야 한다.

코트가 옷걸이에 걸린 모습에 비유하면 이해하기 쉽다. 코트가 바닥에 떨어지면 안정성은 상승하지만 코트는 끝까지 옷걸이에 걸려 있을 것이다. 이를 방지하기 위해 우선 코트에 에너지를 가해야 한다. 코트를 몇 센티미터 들어 올려 옷걸이에서 해방시켜야 코트는 좀 더 안정적인 상태로 떨어지는 선택권을 얻는다.

전자도 마찬가지다. 우리가 먼저 전자를 들뜨게 만들어 오비탈에서 벗어나게 해야만 다른 오비탈에 도달할 수 있다.

물처럼 안정된 분자는 코트가 높이 수 미터에 달하는 옷걸이에 걸려 있다고 생각하면 된다. 사다리를 타고 올라가 저 높은 지점까지 들어 올려야 코트가 자유를 얻는다. 들어 올린 코트를 내려놓으면 다시 옷걸이로 떨어질 수도 있다. 이런 이유로 물은 거의 반응하지 않는다.

반면 나이트로글리세린은 높이가 몇 센티미터밖에 되지 않는 옷걸이가 절벽 끝에 놓인 상황이다. 살짝 툭 치기만 해도(앞에서 말한 도화선에 불붙이기) 전자는 오비탈에서 이탈하여 절벽 아래로 떨어지면서 엄청난 양의 에너지를 방출한다.

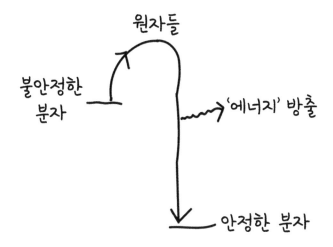

어떤 반응이든 간에 출발 오비탈 밖으로 튀어나와 여러분이 원하는 오비탈 안으로 뛰어들도록 전자들을 설득하는 것이 화학이다. 얼마나 온도를 높여야 할까? 출발 물질은 어떤 형태여야 하지? 부생성물로 무슨 물질이 나올까? 반응이 일어나지 않으면 어떻게 해야하지? 얼마나 많은 분자가 재배열되거나 원래 구조로 돌아가는 것일까? 실험실에서는 복잡한 문제가 수없이 발생하지만 전제는 간단하다. 전자를 밀어 올린 다음 떨어뜨려라.

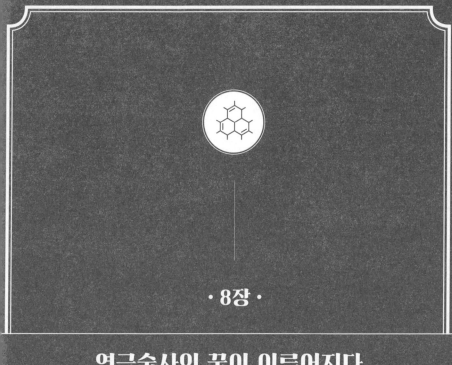

· 8장 ·

연금술사의 꿈이 이루어지다

가장 비싼 원소

2017년 4월 3일 핑크 스타Pink Star 다이아몬드가 경매에서 7,100만 달러라는 엄청난 가격으로 보석 업체 저우다푸周大福에 팔렸다.[1] 이 글을 작성하는 시점을 기준으로 이 가격은 보석 경매 사상 최고 낙찰가다.

다른 사례를 보면 호프Hope 다이아몬드가 1908년 셀림 하비브Selim Habib에게 20만 달러에 팔리고, 1911년 에벌린 맥린Evalyn McLean에게 15만 4,000달러에 팔렸다. 그 뒤 1958년 워싱턴 DC의 스미스소니언 재단Smithsonian Institution에 기증되었다. 이 보석의 보험가는 100만 달러였는데 오늘날에는 그보다 가치가 훨씬 높다는 소문이 돈다.[2]

다이아몬드는 순수하게 탄소로만 이루어진 광물이므로 탄소를 주기율표에서 가장 비싼 원소라고 부르는 것이 이치에 맞을지 모른다. 그런데 다이아몬드와 마찬가지로 순수하게 탄소로만 이루어진 숯은 슈퍼마켓에서 몇천 원이면 살 수 있다. 따라서 탄소를 주기율표에서 가장 저렴한 원소로 볼 수도 있다.

우리는 금을 은보다 더욱 가치 있는 금속으로 취급하지만 1890년대 올림픽 경기 우승자는 금메달이 아니라 은메달을 받았다. 음반 산업 협회는 가수들 앨범에 플래티넘platinum(백금) 인증을 부여한다. 공개시장에서 백금은 금과 비교해 트로이온스(귀금속 무게 단위로 1트로이온스는 약 31그램이다─옮긴이)당 약 15달러 저렴하게 팔린다.

자동차 촉매 변환기 제조에 쓰이는 로듐rhodium과 팔라듐palladium은 현재 백금과 가격이 비슷하지만, 2008년에는 가치가 10배 반짝 상승하여 한 달 동안은 금보다 비쌌다. 물건은 누군가가 기꺼이 값을 치르려 할 때만 가치 있을 뿐이며 원소도 별반 다르지 않다.

플루토늄plutonium은 지구에서 가장 비싼 물질 가운데 하나로 (미국 에너지부에 따르면) 그램당 가격이 1만 1,000달러가 넘는데 이따금 가장 비싼 원소로 발표되기도 한다.[3] 한편으로 원소 중에서 거의 언급되지 않는 하나가 있는데 이 원소는 플루토늄의 가치를 뛰어넘는다. 그것은 98번 원소 캘리포늄californium이다. 캘리포늄은 원자로에서 출발 물질로 쓰이며 그램당 2,700만 달러라는 엄청난 고가에 판매된다.[4] 앞에서 이야기한 핑크 스타 다이아몬드는 무게가 약 12그램이므로 그램당 가격으로 따지면 캘리포늄이 대략 다섯 배 비싸다. 캘리포늄이 이토록 비싼 이유는 자연에서 생성되지 않기 때문이다. 이 원소는 인간이 만들어야 한다.

그들 모두 마녀다

18세기에 인을 발견하고 연소 실험을 시작하기 전까지 화학 연구는 엉망진창이었다. 유대-기독교 상징, 고대 동화, 페르시아 작가 자비르 이븐 하이얀 Jabir ibn Hayyan의 작품이 마구 뒤섞인 상황이었다. 화학물질을 이용한 정밀 실험은 외면당했고, 사실상 화학에는 미신이 혼재되어 있었다.

그 결과 탄생한 학문이 연금술인데 이 명칭은 흑마술을 뜻하는 그리스어 '케미아 chemia'에서 유래했다. 이 시기에는 아무도 원소 물질을 찾지 않았다. 그 대신 상상으로 지어낸 물질을 발견하려 애썼다.

'알카헤스트 alkahest'는 어떠한 물질도 녹일 수 있는 산성 용매, '생명의 영약 elixir of life'은 죽음의 시작을 막는 물질, '패너시어 panacea'는 만병통치약으로 여겨졌다.[5]

그러나 연금술사들이 무엇보다 바랐던 것은 다른 금속을 금으로 바꾸는 물질 '철학자의 돌 philosopher's stone'이었다. 누가 처음으로 철학자의 돌을 떠올렸는지 아무도 모르지만 그 돌에 대한 소문은 13세기부터 떠돌았다.

중세에 백과사전을 집필한 인물 뱅상 드 보베Vincent de Beauvais는 하느님이 '변환transmutation'에 관한 지식을 아담에게 전수했고, 아담은 이를 노아와 다른 사람들에게 가르쳐주었다고 주장했다. 뱅상 드 보베가 이 이야기를 지어낸 것으로 추정되지만 저자가 알려지지 않은 13세기 책《시드락Sydrac》에도 비슷한 이야기가 기록되어 있다. 당시 이런 생각은 대중에게 널리 퍼져 있었다.[6]

'철학자의 돌'이라는 단어가 언급된 초기 문헌 중 하나는 1610년 벤 존슨이 쓴《연금술사The Alchemist》라는 희곡이다. 여기서도 아담이 전설적인 물질의 제조 방법을 배웠음을 암시한다.[7] 아무래도 아담은 에덴동산에서 쫓겨난 뒤에 제조법을 잊은 것 같다.

연금술은 헤니히 브란트가 발견한 인(1장)을 포함해 여러 화학반응에 관한 지식을 우리에게 남겼다. 하지만 체계가 전혀 잡혀 있지 않았으며 다른 어떤 분야보다도 어림짐작이 많았다.

한 원소를 다른 원소로 바꾸는 것은 간단한 문제가 아니다. 원소 정체성을 결정하는 원자핵 속 양성자 수를 변화시키는 과정은 시험관에 물질을 담아 섞는 것처럼 단순하지 않다.

7장에서 보았듯 화학은 전자를 조정하는 것이 전부다. 핵은 너무 작은 데다 숨어 있기 때문에 우리가 마음대로 조작할 수 없다. 간단히 말해 전자는 여러분 장단에 맞춰 춤을 출 수 있지만 핵이 그대로 남아 있다면 원소 역시 그대로 유지된다.

그런데 태양은 수소를 헬륨으로 끊임없이 바꾸고 있으므로 이 태양의 반응을 막는 과학 법칙은 분명 존재하지 않는다. 태양의 기술을 모방하려면 우리에게는 초인적인 힘이 필요할 것이다.

슈퍼히어로의 기원

피터 파커Peter Parker는 방사능 거미에 물려 DNA가 회복할 수 없을 정도로 변형되면서 스파이더맨의 능력을 얻었다. 브루스 배너Bruce Banner는 원자폭탄이 폭발한 상황에 방사선의 일종인 감마선을 쐬고 헐크로 변했다. 〈판타스틱 4 The Fantastic Four〉는 우주에서 쏟아지는 방사선 폭풍에 휘말렸고, 〈데어데블Daredevil〉은 방사성 폐기물로 오염되었다. 〈엑스맨X-Men〉 원작에서 진 그레이Jean Grey는 우주선을 타고 태양의 방사성 폭풍을 통과하는 동안 초능력이 더욱 강화된다.[8]

방사능은 우리에게 많은 선물을 안겨주었지만 1950년대에 다양한 거대 곤충들과 고질라를 탄생시켰다. 인류는 방사능을 조심해서 다루어야 한다.[9] 그렇지만 인류가 마침내 한 원소를 다른 원소로 변환할 수 있었던 것도 방사능 덕분이므로 이에 대해 완벽하게 숙지해야 한다.

방사능은 1896년 프랑스 물리학자 앙리 베크렐Henri Becquerel이 우연히 발견했다. 그는 사진 건판으로 몇 가지 실험을 할 계획이었으나 실험 당일 날씨가 흐려서 건판을 서랍에 넣어 두었다.

이틀 후 건판을 꺼내자 웬일인지 그 옆에 놓여 있던 구리 십자가 윤곽이 사진 건판에 나타났다. 서랍 속 무언가가 사진을 찍은 것이다. 십자가 맞은편에는 황산우라닐포타슘potassium uranyl sulfate 용액 병 이외에 다른 물체는 없었다. 베크렐은 그것이 범인이라고 판단했다.

사진 건판은 햇빛에 강하게 감광하지만 다른 고에너지 빛에도 반응한다. 포타슘과 황산염 입자는 빛을 방출하지 않으므로 건판을 감광시킨 빛은 용액 속 우라늄에서 나온 것이었다.

사람 눈에는 보이지 않는 우라늄이 분명 사진 건판 표면을 변화시키는 무언가를 방출하고 있었다. 십자가가 새겨진 그 건판은 용액 병이 촬영한 세계 최초의 방사선 사진이었다.

베크렐의 발견 직후, 과학의 두 분야(물리학상, 화학상)에서 노벨상을 수상한 유일한 인물인 마리 퀴리Marie Curie가 그 현상에 라틴어 라디우스radius(빛살 또는 바퀴살을 의미)와 그리스어 악티노스aktinos(광선을 의미)를 합쳐 방사능radioactivity이라는 이름을 붙였다.

마리는 남편 피에르와 함께 방사성 원소를 두 개 더 발견했다. 이 둘은 유래가 분명한 이름 라듐radium과 조국 폴란드에서 따온 이름 폴로늄polonium이라 불렀다. 안타깝게도 퀴리 부부는 방사능에 노출되면 걸리는 질병에 굴복하고 말았고, 여기서 우리는 방사능이 세포를 파괴한다는 교훈을 얻었다.

내재한 불안정성

3장에서 배웠듯이 원자핵은 구조적으로 불안하다. 양성자는 전자를 제자리에 고정하는 동시에 다른 양성자를 밀어내기도 하는데 양성자들을 한데 묶으려면 중성자가 필요하다.

오스트리아 출신 과학자 리제 마이트너 Lise Meitner는 원자번호가 80번대 후반에 도달하면 평형을 이루던 원자핵이 불안정해지면서 붕괴될 수 있음을 발견했다. 이렇게 중요한 발견을 했음에도 그녀는 노벨물리학상을 수상하지 못했다. 반면 마이트너의 연구실 동료였던 남성 과학자는 노벨상을 받았다. 그래도 109번 원소는 그녀의 이름에서 유래한 마이트너륨 meitnerium으로 불리니 마이트너가 완전히 무시당하지는 않았다.

원자번호가 커질수록 양성자 수가 증가하므로 양성자를 제대로 붙잡아 두려면 중성자 수도 늘어나야 한다. 그런데 복잡한 문제가 생겼다. 양성자 사이에 존재하는 반발력은 끝없이 증가하지만 중성자의 접착력은 무한하지 않다.

거대 원자 안에서 반발력이 승리하는 것은 시간문제며 반발력은 원자 구조를 불안정하게 만든다. 크기가 클수록 원자는 깨지기 쉬워지고, 충분한 시간이 흐르면 결국 산산조각 날 것이다.

푸른빛을 내는 원소 악티늄actinium은 양성자가 89개인 거대 원자핵을 지닌다. 악티늄 덩어리는 20년 이내에 절반 정도가 다른 원소로 붕괴될 것이다. 반면 루비듐rubidium의 원자핵은 양성자가 37개에 불과할 정도로 작다. 루비듐 덩어리의 절반이 붕괴되려면 490억 년이 걸린다.

방사성 붕괴로 생성된 원소의 핵에는 다른 원소가 일반적으로 가지지 않는 독특한 개수로 중성자가 존재한다. 이러한 '딸daughter' 원자핵은 방사성 붕괴로만 발생한다. 암석에 포함된 모mother 원자핵과의 비율을 측정하면 언제 붕괴가 시작했는지, 그리고 얼마나 오랫동안 붕괴 반응이 지속되었는지 알 수 있다.

이 기술로 미국 화학자 클레어 패터슨Clair Patterson은 지구의 나이를 계산하여 대략 45억 세인 것을 확인했다.[10]

조각조각 부숴라

핵이 붕괴되는 방식은 다양하다. 때로는 우리가 핵분열이라 부르는 반응으로 모든 게 산산조각이 난다. 그런데 분열 중인 핵에서 양성자 두 개와 중성자 두 개가 묶인 꾸러미가 빠른 속도로 방출되는 것만 봐서는 그러한 핵분열의 파괴력이 잘 이해되지 않는다.

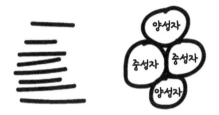

양성자, 중성자 꾸러미는 초당 1,500만 미터의 속도로 원자에서 돌진해 나온다. 이것이 러더퍼드가 금박 실험에서 사용한 알파입자와 동일한 입자임이 밝혀졌다.

알파입자가 방출되면 뒤에 남은 핵은 양성자 두 개를 잃어 정체성이 바뀐다. 러더퍼드는 이 현상을 유용하게 활용하기로 마음먹었다. 그는 알파입자의 속도를 고려했을 때 이 입자를 다른 원자를 향해 쏘면 원자핵이 파괴되어 더 가벼운 원소로 변할 것이라는 가설을 세웠다.

1919년 러더퍼드는 알파입자를 질소 원자에 쏘아서 탄소로 만들었다. 질소를 채운 고압가스 용기로 알파입자를 발사하여 다른 입자와의 충돌 확률을 높이는 방식이었다. 그의 실험은 '원자를 쪼개어' 다른 원소로 변환했다는 측면에서 큰 화제가 되었다. 연금술사들이 오랜 시간 꿈꿔온 것은 에덴동산에서 탄생한 신화 속 돌이 아니었다. 그것은 고압가스 용기와 알파선 방출기였다.[11]

신성한 주문을 외워서는 납이 금으로 변하는 반응이 일어나지 않는다. 하지만 탈륨thallium 원소를 가열, 가압한 다음 거기에 알파입자를 쏘면 탈륨 원자 수천 개당 한 개는 금으로 바뀔 것이다.

포장하라

알파붕괴는 어느 정도 직관적으로 이해할 수 있다. 무언가가 서로를 밀어내는 힘이 끌어당기는 힘을 압도하여 결국 무너져 내리는 모습을 상상하기는 쉽기 때문이다. 그런데 핵 안에서 일어나는 또 다른 현상은 머릿속에 쉽게 그려지지 않는다. 그것은 중성자가 양성자로 변화하면서 전자 하나를 방출하는 현상이다.

이 현상이 어떻게 일어나는지 부록 IV에 설명했다. 여기서는 완전히 새로운 관점에서 생각할 것이다. 가장 이해하기 쉬운 방법은 포장지에 돌돌 말린 알사탕처럼 전자 포장지에 싸인 양성자가 중성자라고 생각하는 것이다. 중성자를 싼 전자 포장지가 벗겨지며 드러난 입자가 양성자다.

우리는 이 과정에서 방출되는 전자선을 베타선이라 부른다. 알파붕괴와 다르게 중성자, 양성자 변환은 어떠한 원소에서도 발생할 수 있다. 특정 원자에서 더욱 빈번하게 발생하긴 하지만(중성자를 더 많이 가진 원자) 모든 원자가 잠재적 베타 방사성 물질이다.

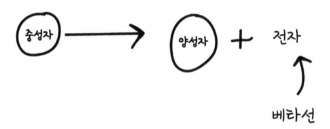

만약 중성자 중 하나를 양성자로 바꾸라고 원소를 설득할 수 있다면 우리는 처음보다 원자번호가 하나 증가한 원소를 새롭게 얻을 것이다. 이는 앞서 언급한 러더퍼드의 질소 변환 실험과 비교하면 역방향이다. 그런데 먼저 살펴볼 것이 있다. 바로 바나나다.

바나나

방사성 입자는 빠른 속도로 돌진한다. 신체를 구성하는 화학성분을 포함한 모든 물질은 방사성 입자의 이동 경로에 놓이면 전부 파괴된다.

만약 여러분이 다량의 방사선에 노출되면 몸속 세포 DNA가 파괴되며 신체 내부부터 외부까지 분해될 것이다. 일반적으로 몸에서 빨리 자라는 부위(머리카락과 손톱)가 방사선의 영향을 먼저 받는다. 방사선에 피폭되면 신체에서 그 부위가 가장 빠르게 떨어져 나간다. 그런 다음 피부가 벗겨지고 이가 빠지며 내장이 점점 녹아 곤죽이 되는 등 온갖 증상이 나타난다.

사람에게 노출되는 방사선량은 시버트sievert라는 단위로 측정한다. 시버트는 몸무게를 기준으로 방사선이 얼마나 많은 에너지를 사람에게 전달했는지 나타낸다.

인간이 몇 시버트에 노출되면 위험한지는 알려지지 않았다. 일 년 동안 대략 100분의 5시버트에 노출되면 문제가 된다고 말한다.[12] 우리가 흔히 접하는 방사선 방출 장치로는 치과 혹은 외과 엑스선 장비가 있다. 이들은 대략 100만 분의 4시버트를 방출한다. 다시 말해 완벽하게 안전한 수준이다.

방사선 노출 측정에 사용할 수 있는 단위가 하나 더 있다. 바로 바나나다.

여기서 우선 언급하고 싶은 것은 어떠한 원소의 원자핵은 다른 원소에 비해 유달리 안정하다는 점이다. 슈뢰딩거 방정식으로 계산하면 특히 안정한 원소의 양성자와 중성자 숫자를 확인할 수 있다. 그 숫자는 실제로 '매직 넘버'라 불린다. 왜 매직 넘버가 안정한지는 알려지지 않았다. 다만 특정한 수의 양성자와 중성자는 안정하고, 그 외는 불안정하다는 사실만 알려져 있다.

포타슘이 전형적인 예다. 우주에 존재하는 포타슘 원자는 대부분 양성자 19개와 중성자 20개를 지녀 안정하다. 하지만 그중 약 0.012 퍼센트는 중성자 21개를 지닌 포타슘-40으로 불안정하다.

포타슘-40에서는 베타붕괴가 쉽게 일어나므로 모든 포타슘 샘플은 아주 희미한 방사선을 방출한다. 과일 중에서는 흔해 빠진 바나나에 포타슘이 가장 많이 들어 있다.

1995년 로렌스 리버모어 국립연구소의 게리 맨스필드Gary Mansfield 가 던진 농담에서 '바나나 등가선량Banana Equivalent Dose'(이하 BED)이라는 단위가 탄생했다. 바나나 한 개를 먹었을 때 노출되는 방사선량을 1 BED로 정하고, 이를 기준으로 다른 음식을 먹으면 노출되는 방사선량을 계산한다.[13]

겁먹을 것 없다. 1 BED는 100만 분의 1시버트보다 적으니 바나나를 거부하기에 앞서 계산부터 해보자. 일 년간 100분의 5시버트에 노출되면 인체에 치명적이라고 가정하자. 여기에 맞먹는 방사선량에 노출되려면 바나나 5,000개를 빠르게 먹어 치워야 한다. 일 년 동안 하루에 14개씩 먹는 셈이다.

하느님 놀이

1940년 미국 화학자 데일 코슨Dale Corson은 85번 원소 아스타틴을 순수한 상태로 분리했다.[14] 아스타틴은 멘델레예프 주기율표에서 예측된 원소들 가운데 마지막으로 발견된 자연 원소다.

아스타틴을 표의 마지막 빈칸에 넣으며 우리는 1번부터 92번까지 빈틈없이 채워진 주기율표를 완성했다. 빅뱅으로 생성된 수소부터 초신성에서 탄생한 우라늄까지 마침내 모든 원소가 확인되었다. 그런데 여기서 더 나아가 92보다 번호가 더 큰 원소를 우리가 직접 만드는 것은 가능할까?

〈아이언맨 2Iron Man 2〉에서 토니 스타크Tony Stark는 팔라듐 중독으로 죽기 전 자신의 수트에 동력을 공급할 원소를 찾고 있었다. 하지만 적절한 금속은 존재하지 않았다. 따라서 그는 영화도 살리고 미키 루크Mickey Rourke도 물리치기 위해 레이저와 카리스마 넘치는 그의 매력을 이용해 새로운 원소를 제조한다.[15] 우리는 주기율표에 누락된 원소가 없음을 이미 알고 있으므로 토니 스타크가 가진 이름 모를 원자는 크기가 크며 방사선을 강하게 방출한다는 것을 예상할 수 있다.

1940년 에드윈 맥밀런Edwin McMillan은 토니 스타크보다 먼저 새로운 원소를 만들었다. 그는 우라늄 덩어리에 고에너지 중성자선을 쏘면서 흡수시켰다. 우라늄 원자핵은 중성자를 흡수할 수 있는데 이는 입자를 불안정하게 만든다.

에너지를 어느 정도 잃으려면 중성자 하나가 베타붕괴 반응을 시작해 전자 하나를 배출하면서 양성자로 바뀌어야 한다. 이제 우라늄 원자는 중성자 하나가 양성자로 바뀌었으므로 더는 우라늄이 아니다. 93번 원소다.

지난 140억 년 동안 우주에 93종 원소가 존재했던 적은 단 한번도 없었으나 1940년에 지구가 갑자기 그렇게 되었다.[16]

우라늄은 천왕성Uranus에서 유래한 명칭이다. 맥밀런은 그가 만든 원소에 다음 행성의 이름을 따서 넵투늄neptunium이라는 이름을 붙였다. 같은 해 연말, 맨해튼 프로젝트에 참여한 글렌 시보그는 94번 원소를 합성했다. 시보그의 원소는 최초의 인공원소인 넵투늄보다 훨씬 안정적이어서 충분히 큰 덩어리로 뭉칠 수 있었다. 신경가스와 맞먹을 정도로 독성이 강한 그 빛나는 금속에 시보그는 플루토늄이라는 이름을 지어주며 행성 시리즈를 이어갔다.[17]

그 후 제2차 세계대전이 끝난 뒤에도 시보그는 계속해서 아메리슘americium(원자번호 95번, 미국America에서 유래한 명칭), 퀴륨curium(원자번호 96번, 마리 퀴리에서 유래한 명칭), 버클륨berkelium(원자번호 97번, 연구가 진행된 지역인 캘리포니아주 버클리Berkeley에서 유래한 명칭)을 합성했다.

이 실험들은 전쟁 지원 활동의 일환으로 극비에 부쳐졌다. 시보그는 연구 성과를 1945년 11월 16일 미국화학학회American Chemical Society에 제출할 허가를 받았다. 그런데 제출일보다 5일 앞서 시보그는 실수로 기밀을 누설해버렸다.

과학 대중화에 앞섰던 시보그는 물리학 질문에 답변하기 위해 어린이 라디오 프로그램 〈퀴즈 키즈Quiz Kids〉에 출연했다. 11살 소년 리처드 윌리엄스Richard Williams가 인간이 새로운 원소를 만들 수 있는지 질문했다(소년은 그 주제에 관한 세계 최고의 전문가와 이야기하고 있음을 깨닫지 못했다). 시보그는 흥분을 감추지 못하고 기밀이었던 연구 성과를 생방송 도중 불쑥 말했다. 이 일로 그의 직장 상사들은 몹시 분노했다.[18]

하지만 우리가 진심으로 시보그를 비난할 수 있을까? 그는 자신이 특히 좋아하는 주제에 대해 질문하는 소년의 열정에 마음을 빼앗겼다. 누군가는 시보그가 자신의 본분에 충실했다고 평가할 것이다.

주기율표가 완성되다

주기율표는 전자껍질 7개를 나타내는 7개의 주기, 그리고 얼마나 많은 전자가 그 껍질을 차지하는지 나타내는 18개의 족으로 구성된다. 그 결과 주기율표에는 칸이 118개 생긴다. 그중 92개는 자연 원소가 차지하므로 우리가 채울 수 있는 칸은 26개다.

시보그는 합성한 원소들이 모두 안정했다는 측면에서 운이 좋았다. 그가 계속해서 진행했다면 실험은 무척 힘들어졌을 것이다. 핵이 커질수록 양성자들 사이에 밀어내는 힘도 증가하기 때문에 원자핵을 강제로 무겁게 만들기는 쉽지 않다.

가장 좋은 접근 방식은 이미 거대한 원소 샘플을 얻은 다음 흡수되기를 바라며 샘플에 핵을 쏘는 것이다. 1950년에는 퀴륨에 알파입자를 쏘아 캘리포늄을, 1952년에도 비슷한 방법으로 아인슈타이늄einsteinium과 페르뮴fermium을 합성했다.

이 기술을 활용하여 우리는 원자번호는 작지만 자연에 거의 존재하지 않는 원소를 만들어냈다. 프랑슘francium은 주기율표를 채운 원소 중에서 두 번째로 보기 드문 원소로(첫째는 아스타틴) 지구 지각에 대략 30그램밖에 존재하지 않는다. 금 조각에 산소 원자를 쏘면 프랑슘이 생성된다.

우리는 또한 원자핵이 불안정하여 일반적으로 오랜 시간 남아 있지 못하는 43번 원소 테크네튬technetium을 합성할 수 있다. 테크네튬은 혈액 흐름을 추적하는 용도로 체내에 주입한다. 이러한 의료용 추적자 물질들 가운데 테크네튬이 전 세계 기준 80퍼센트를 차지한다.

인공원소를 합성하는 작업은 정밀하게 이루어진다. 핵을 너무 천천히 쏘면 튕겨나가고, 너무 빠르게 쏘면 완전히 깨진다. 그러나 지난 50년 동안 인류의 주기율표는 점점 완벽에 가까워졌다.

우리는 멘델레븀mendelevium과 노벨륨nobelium을 합성하려고 아메리슘과 퀴륨에 탄소 원자를 쏘았다. 그리고 아인슈타이늄에 네온을 발사하여 로렌슘lawrencium을 만들었다. 또 플루토늄에 다시 네온을 발사하여 러더포듐rutherfordium을 탄생시켰다.

2000년대 초까지 더브늄dubnium, 시보귬seaborgium, 보륨bohrium, 하슘hassium, 마이트너륨, 다름슈타튬darmstadtium, 뢴트게늄roentgenium, 코페르니슘copernicium, 플레로븀flerovium, 리버모륨livermorium이 합성되면서 단 네 칸만 빈 채로 남았다. 발견되지 않은 원자번호는 113, 115, 117, 118이었다.

당시 주기율표의 오른쪽 아래는 이가 빠진 듯한 모습이었다. 그러던 중 2016년 11월 국제순수 · 응용화학연합International Union of Pure and Applied Chemistry: IUPAC이 니호늄nihonium, 모스코븀moscovium, 테네신tennessine, 그리고 마지막으로 오가네손oganesson이 합성되었다고 발표했다. 마침내 주기율표가 완성되었다.[19]

이들 중 일부는 무의미한 장난처럼 느껴질 수 있겠지만 이러한 인공원소 중 대다수가 인류에게 유용하다. 아마 여러분 집에는 95번 원소 아메리슘이 있을 것이다. 꼭 그러기를 바란다.

아메리슘은 알파입자를 끊임없이 방출한다. 그런 아메리슘을 개방회로에 넣으면 알파입자가 수신기를 향해 뚫린 틈새를 날아가면서 전선 없이 회로를 작동시킨다. 만약 연기나 먼지가 그 틈새를 막으면 알파입자 흐름이 막히면서 경보음이 울린다. 이것이 화재경보기의 작동 원리다.

모든 것의 끝

이제 우리는 118번 원소에 도달했고, 주기율표가 완성되었다. 인류는 더 멀리 나아갈 수 있을까? 정직하게 답하자면 확신할 수 없다. 오가네손의 등장으로 일곱 번째 전자껍질이 꽉 채워졌지만 여덟 번째 혹은 아홉 번째 전자껍질도 존재할 수 있다.

시보그는 126번 원소에 도착해야 주기율표가 멈춘다고 예상했다. 126번이 매직 넘버이며 그 뒤로 넘어가면 중성자를 아무리 추가해도 양성자 간 반발력이 너무 강해지는 탓이다. 비어 있는 126번 자리는 운비헥슘unbihexium이라는 임시 명칭으로 불린다.[20]

다른 물리학자들은 제약 없이 9, 10, 11주기까지 원소를 합성할 수 있으리라 짐작한다. 원자핵에 대해 확신을 품고 이야기할 만큼 충분히 알지 못하는 우리에게 남은 선택지는 오직 실험뿐이다. 무엇이 가능한지 확인하는 것, 그것이 과학의 핵심이다.

· 9장 ·

금속원소와 전기

역사상 가장 손쉽게 받은 노벨상

20년 전 과학자들에게 가장 전기가 잘 통하는 원소가 무엇인지 묻는다면 그들은 은이라고 답했을 것이다. 우리가 은을 전자제품에 쓰지 않는 유일한 이유는 은보다 구리가 더 저렴하기 때문이다.

그 후 2004년 물리학자 두 명이 스카치테이프 한 장으로 은보다 전기가 잘 통하는 물질을 발명하여 노벨상을 탔다.

러시아 출신의 물리학자 코스탸 노보셀로프Kostya Novoselov와 안드레 가임Andre Geim(가임을 1997년 개구리를 공중부양시킨 연구로 기억하는 사람도 있을 것이다[1])은 연필심을 만드는 데 사용하는 부드러운 탄소 결정인 흑연으로 실험 중이었다. 흑연은 부서지기 쉽고, 얇게 벗겨지는 성질이 있어서 과학자들은 스카치테이프를 사용해 탄소 샘플의 표면을 닦았다. 흑연에 테이프를 붙이고 겉에 붙은 먼지를 제거하면 반짝이는 표면이 새롭게 드러난다.[2] 노보셀로프와 가임은 과학자들이 흑연을 닦는 모습에서 아이디어를 얻었다.

이미 표면을 닦은 흑연 덩어리에 다시 스카치테이프를 붙이면 탄소 한 층을 벗겨낼 수 있다. 이 탄소 층은 두께가 탄소 원자 한 층에 불과하다. 두 과학자가 그래핀graphene이라 명명한 이 물질은 탄소 원자의 배열 형태가 닭장을 칠 때 사용하는 그물과 닮았으며 여러 독특한 특성을 보인다. 그래핀은 강철보다 200배 강하며 입자를 통과시키는 성질이 있어서 바닷물 염분을 거르는 필터로 사용할 수 있다.[3]

그뿐 아니라 그래핀은 전기전도도가 은보다 높다. 전기전도도는 미터당 지멘스siemens (S/m) 단위로 측정되는데 은은 미터당 6,000만 지멘스다. 그래핀은 그보다 훨씬 높은 전기전도도를 기록했으나 아무도 측정 결과에 동의할 수 없었다.[4] 측정 결과에 모두가 놀란 이유는 탄소는 금속이 아니기 때문이다. 일반적으로 금속에만 전기전도성이 있다고 말한다. 뭔가 이상한 현상이 일어나고 있다.

금속이란 무엇인가?

우리는 금속이란 말을 들으면 흔히 딱딱하고 반짝이는 회색빛 고체를 연상한다. 우리가 상상하는 형태의 금속에는 강철, 티타늄titanium, 알루미늄, 크로뮴chromium이 있다. 이들 네 종류가 일상에서 빈번하게 마주치는 금속이다. 하지만 금속은 외형과 특성이 제각기 다양하다.

비스무트bismuth는 미로처럼 복잡한 구조의 사각 결정체로 존재한다. 그 결정 덩어리의 색은 수면에서 빛을 반사하는 기름 막과 비슷하다. 반면 루테튬lutetium과 툴륨thulium 결정은 섬유질 가닥이 뭉친 덩어리 형태로 소고기 조각을 연상시킨다. 니오븀niobium은 처음 순수한 상태로 분리하면 광택 없는 은 덩어리 같지만 전류를 통과시키면 무지개 색으로 변한다.

일부 금속에는 자성이 있고(철, 코발트, 니켈, 터븀terbium, 가돌리늄gadolinium), 어떤 금속은 자성을 띠지 않지만 방금 언급한 다섯 금속의 자성을 강화한다(네오디뮴neodymium). 또 어떤 금속은 3,000도 이상 가열해도 고체로 유지된다(텅스텐). 그런가 하면 손바닥 위에서 녹는 금속도 있다(갈륨gallium). 산성 용매에 담가도 부식되지 않는 금부터 서서히 가열하면 폭발하는 어븀erbium까지, 금속은 반응성도 다양하다.

이처럼 다채로운 금속의 특성 중에서 모두를 하나로 묶는 특성은 무엇일까? 금속은 언제나 전기가 잘 통하는 원소다. 물론 탄소는 그래핀 상태에서만 전기가 통하지만 금속은 어떤 상태에 놓여 있든 전기가 잘 통한다.

금속 화학에 대해 이해하려면 우리는 전기를 이해해야 한다. 이 이야기는 고대 이집트에서 시작된다.

첫 번째 파라오

기원전 3100년 이집트 왕국은 첫 번째 파라오 나르메르Narmer의 지배하에 처음으로 통일을 이루었다. 나르메르의 진짜 정체를 둘러싼 여러 논쟁이 있지만 우리는 그 이름이 지닌 의미에 대해 어느 정도는 확신할 수 있다. 나르메르를 영어로 번역하면 '화난 메기'다.[5]

파라오 이름이 강에 사는 물고기에서 유래한 것이 이상하게 보일지도 모르겠다. 하지만 메기는 이집트 문화에서 나일강 신의 수호자였으며 존경받는 생물이었다.

이집트에서 발견되는 메기 품종은 특별하다. 이집트산 메기의 라틴어 이름 말라프테루루스 일렉트릭쿠스Malapterurus electricus는 '전기메기'를 뜻한다.

남아메리카에 서식하는 전기뱀장어처럼 이집트 전기메기는 자신의 피부에 닿는 누구에게나 400볼트의 전기 충격을 가하는 특기가 있다. 전기메기에 관한 기록은 현재 남아 있는 문헌 가운데 전기를 언급한 최초 사례다. 인간이 메기처럼 전기 현상을 통제할 수 있게된 것은 지금으로부터 5,000년 전이다.

충격

많은 사람이 전기를 발견한 인물을 잊었다는 사실은 놀라운 비극이다. 오래전 그리스 과학자 탈레스가 호박 보석 조각을 양모로 문지르면 정전기가 오르는 현상을 발견했다. 그러나 이는 적절하게 조성된 환경에서 전기가 일어난 것이었다. 오늘날 우리가 전류라 부르는 현상을 발견한 인물은 영국 실험가 스티븐 그레이Stephen Gray다.

그레이의 실험이 잊힌 이유는 그가 다른 과학자에게 연구를 도와달라고 부탁하는 실수를 저질렀기 때문이다. 부탁을 받은 과학자는 우연한 계기로 아이작 뉴턴의 철천지원수가 된 존 플램스티드John Flamsteed였다.

뉴턴은 왕립학회의 수장이라는 본인의 지위를 이용하여 플램스티드 등 자신이 싫어하는 과학자들의 연구 성과를 헐뜯고 감추려 한 사악한 인물이었다.[6] 그 결과 플램스티드와 그레이가 세운 성과 중 상당 부분이 무시당했다. 뉴턴은 역사상 가장 위대한 지성 중 한 명이었으나 어떤 면에서는 어리석었다. 그러니 상황을 바로잡고 스티븐 그레이에게 마땅한 대우를 해주자.

1666년에 태어난 그레이는 일생의 대부분을 염색업자로 살았고, 과학은 취미로 즐겼다. 42세가 된 그레이는 어느 날 밤 침실에서 정전기를 일으키는 도구인 조잡한 유리관을 가지고 놀다가 전기를 발견했다.

정전기 발생 장치는 독일 정치인 오토 폰 게리케Otto von Guericke가 1661년 발명한 이후 계속 존재했다. 하지만 그레이는 그런 사치스러운 장비를 살 돈이 없었다. 그는 정전기 충격이 발생하기를 기대하면서 토끼털에 문지른 유리 막대로 주위 물체들을 톡톡 쳤다.

그러다 그레이는 의아한 점을 발견했다. 그 특별한 날 밤, 그레이는 막대 끝에 코르크 조각을 꽂은 다음 코르크 끝으로 깃털 더미를 두드렸다. 그러자 불꽃이 일어났다. 토끼털로 문지른 부위는 유리였지만 코르크 조각을 통해 전기가 흐른 것이다. 전기의 정체가 무엇이든 간에 전기는 흐를 수 있었다.

이 현상을 보고 흥분한 그레이는 실크 소재의 끈을 천장에 매달아 바닥에 닿지 않도록 했다. 그리고 전기가 흐를 수 있는 물체인지 아닌지 실험하기 시작했다. 채소, 끈, 동전 그리고 손에 닿는 모든 물건을 대상으로 전기를 전달하지 않는 절연체인지 혹은 전기를 전달하는 도체인지 확인했다. 실험 결과에 따라 그는 물건을 두 부류로 분류했다.[7]

가장 성능 좋은 도체는 주기율표 왼쪽에 자리 잡은 금속으로 밝혀졌다. 금속은 전기가 잘 통하기 때문에 그레이가 침실 창문에 걸어 놓은 길이 250미터 철사로도 정전기 충격이 전달되었다.[8]

금속에서는 심지어 위를 향해서도 전기가 흘렀는데 이는 전기가 중력의 영향을 받지 않음을 의미했다. 물론 전기는 땅속으로도 들어갈 수 있으나 중력이 끌어당긴 결과는 아니다. 행성 자체가 도체여서 기회만 있으면 전기가 흐르는 것이다.

그레이가 얻은 가장 놀라운 실험 결과는 인체도 전기가 통한다는 것이다. 그레이가 어린 소년을 실크 끈으로 묶고 공중에 매달은 다음 전기를 흘려보내자 소년 얼굴에서 불꽃이 일어났다. 이 현상은 '하늘을 나는 소년'이라 부르는 인기 있는 서커스 공연의 기본 원리였다. 공연 중 관객들은 끈에 매달린 소년의 손가락 끝을 두드려 정전기 충격을 전달받았다.[9] 이 모든 일이 과학이란 이름으로 자행되었다.

인간의 피부는 연한 소금물인 땀에 젖어 있어서 피부 표면 전체로 전기가 흐를 수 있다는 것이 그 공연의 비밀이었다. 지면에 발을 디딘 관객이 전기를 띤 소년의 몸을 만지면 전기가 관객의 피부 위를 흘러 땅속으로 들어가면서 그 관객에게 정전기 충격을 일으켰다.

금속인데 왜 전기가 흐르지 않지?

주기율표를 왼쪽에서 오른쪽으로 읽으면 원자핵에 포함된 양성자 수가 점점 증가한다. 양성자 전하가 증가할수록 전자가 원자 안쪽으로 더 많이 당겨지면서 원자 크기는 작아진다. 이는 가로줄의 오른쪽으로 갈수록 원자 크기가 줄어든다는 것을 의미한다.

주기율표 왼편의 원자는 크고 넓게 분산된 상태이며 그 원자 오비탈도 크기가 크고 말랑말랑하다. 오비탈을 채운 전자와 원자핵 사이의 거리가 멀기 때문에 전자는 핵에 크게 구속받지 않는다. 이러한 특징의 원자는 다른 원자와 전자를 공유하기에 유리하다. 전자가 그 원자에 계속 머물러야 할 이유가 없기 때문이다.

이처럼 부피가 큰 원자들이 결합을 이루면 오비탈은 인접한 원자들 사이에서만 섞이는 것이 아니라 원자들 전체에 걸쳐 혼합된다. 이 수백만 개의 금속 원자를 기술하는 슈뢰딩거 방정식을 풀면 물리학자가 '전자 바다'라고 부르는 혼란하고 무질서한 거대 오비탈이 도출된다. 이 중첩된 오비탈 네트워크를 통해 전자는 한곳에서 다른 곳으로 쉽게 흐를 수 있다.

아무 금속 조각이나 만지면 손끝 밑에서 전자 덩어리가 자유롭게 돌아다닌다. 이러한 전자 움직임은 무작위로 일어나지만, 전자를 동시에 한 방향으로 이동하도록 설득할 수 있다면 우리는 전류를 손에 넣을 것이다.

주기율표 오른편 원소가 결합을 이루어 생성된 작은 분자에서는 빽빽한 오비탈 간격 때문에 전자가 움직이기 어려워 전기도 흐르지 못한다. 그렇지만 절연체를 통해 전자가 강제로 흐르게끔 만드는 것이 불가능하지는 않다. 지구에서 가장 뛰어난 절연체인 테플론^{teflon} 도 전자가 흐를 수 있다. 다만 오비탈 간격을 뛰어넘도록 전자를 설득하려면 강한 에너지가 필요하다.

전기전도도가 미터당 100만 지멘스인 물질은 도체, 미터당 0.01 지멘스인 물질은 절연체로 분류된다. 물론 전기전도도 100만과 0.01의 격차는 무척 크지만 이 사이에 해당하는 물질은 많지 않으며 그러한 물질은 '반도체'로 분류된다.

별난 물질

물질이 고체인지 아니면 액체 또는 기체인지는 입자들이 서로 얼마나 끌어당기는가에 달렸다. 산소 분자는 분자 간 인력이 매우 약하기 때문에 상온에서 기체로 존재한다. 온도를 낮추면 액체가 될 수 있지만(재미난 정보: 액체 산소는 파란색이다) 표준상태에서 산소는 확산한다.

이와 대조적으로 금속은 겹쳐진 오비탈로 전자를 공유한다. 액체인 수은을 제외하면 금속 원자들은 뭉쳐서 고체 덩어리를 이룬다. 수은이 액체로 존재하는 이유를 제대로 설명하려면 아인슈타인의 특수상대성이론까지 알아야 하지만 그런 어려운 배경지식 없이도 핵심에 접근할 수 있다.

다른 금속과 마찬가지로 수은의 오비탈도 꽃송이에 매달린 꽃잎처럼 여러 방향으로 뻗어 있어 전기가 흐를 수 있다. 그런데 주기율표에 수은이 자리 잡은 위치가 흥미롭다. 표의 하단부에 있으므로 오비탈 크기는 매우 크다. 하지만 표의 오른편에 자리 잡았기에 원자 내 많은 양성자가 오비탈을 원자 안쪽으로 끌어당긴다. 결과적으로 수은은 오비탈들이 서로 겹쳐질 정도로는 확장되어 있으나 원자가 서로를 꽉 붙들 정도로는 충분히 확장되지 않았다.

주기율표상 수은 위치에서 오른쪽으로 이동하면 양성자 수가 증가해 원자들이 층층이 쌓여 고체가 된다. 왼쪽으로 이동하면 오비탈끼리 서로 겹쳐져 고체가 된다.

수은 원자는 단단히 뭉쳐져 있기에는 인력이 약하지만 전자가 한 원자에서 다른 원자로 깡충깡충 뛰어다닐 정도로는 서로를 끌어당긴다. 그래서 수은은 전도성을 가진 금속원소지만 주기율표 내에서 별난 금속이다.

또 다른 별난 물질

우리는 전자 흐름을 느리게 만드는 모든 요소를 옴$_{ohm}$ 단위로 측정하고 '저항'이라 부른다. 그리고 전자가 금속을 흐르는 데 필요한 에너지를 전압(단위는 볼트volt)이라 한다. 이런 요소들이 모여서 전체적인 전자 흐름이 발생한다.

전압이 치약 튜브를 누르는 손, 저항이 튜브의 지름이라고 생각해 보자. 실제 흘러나오는 치약의 양은 전류이며 암페어ampere(짧게 줄여 amp) 단위로 측정한다.

시계 배터리는 1.5볼트의 에너지로 시계에 전자를 전달한다. 회로 내부에서 전자는 저항의 영향을 받아 흐름이 느려지고, 전류는 대략 100만 분의 5암페어(0.00005암페어)에 도달한다.

번개는 전압이 1억 볼트다. 번개에서 발생한 전기는 공기를 통해 강제로 흐르다가 지상에 도달한다. 이때 전체 전류는 약 5,000암페어가 된다. 공기 같은 비금속을 통해 전기가 흐르는 중에 많은 에너지가 손실된다.

따라서 그래핀이 전기전도성을 보이는 현상은 상당히 기이하다. 탄소는 보통 비금속이지만 그래핀을 이루는 얇은 판상 구조에 들어가면 전기가 흐르기 시작한다.

그래핀이 전도성을 보이는 이유는 구성 원자들이 평평한 육각형으로 배열되어 있고 각각의 원자가 다른 세 원자와 결합하기 때문이다. 탄소는 최외각 오비탈에 결합 가능한 전자 네 개를 가진다. 그래핀 내 탄소 원자는 결합에 관여하지 않는 여분의 전자 하나를 가진 셈이다. 이 전자는 방해받지 않고 한 원자에서 다른 원자로 이동할 수 있다. 그 결과 낮은 전압을 걸어도 강한 전류가 생산된다.

그래핀은 구조가 2차원인 점이 금속과 다르다. 금속에서는 전자가 경로를 바꾸며 사방으로 다닐 수 있지만 그래핀에서는 돌아다닐 곳이 적다. 납작한 평면 구조인 그래핀에서 전자는 위아래로 이동할 수 없으며 한 평면에만 머무른다.

전기와 죽음

1886년 미국인권위원회는 범죄자에게 교수형을 집행하는 방식이 비인간적이므로 새로운 사형제도가 필요하다고 결론 내렸다. 당시 인권위원회 소속이었던 뉴욕 출신 치과 의사 앨프리드 사우스윅 Alfred Southwick은 이미 몇 년 전에 전기의자를 설계해둔 상황이었다. 토머스 에디슨 Thomas Edison이 이를 지지하면서 전기의자 아이디어가 승인되고 평가받기 시작했다.[10]

당시 미국에서는 어떠한 방식으로 전기를 공급할지를 놓고 치열한 공방이 벌어졌다. 에디슨은 축전지 기반 전기 사업에 막대한 자금을 투자한 상황이었다. 따라서 경쟁자인 조지 웨스팅하우스 George Westinghouse가 추진하는 자석을 이용한 발전 방식에 흠집을 내야만 했다. 에디슨의 해결책은 간단하지만 섬뜩했다.

그것은 역사상 가장 소름 끼치는 마케팅 전략이었다. 에디슨은 새로 디자인한 전기의자를 웨스팅하우스의 전기로 작동시키면 사람들이 그 경쟁자의 전기를 보면서 죽음을 연상하리라 생각했다.

에디슨은 길 잃은 동물을 대상으로 전기의자를 시험했다. 기록에 따르면 개와 고양이, 새, 말, 그리고 톱시Topsy라는 이름의 서커스 코끼리를 죽였다고 한다(에디슨 측은 톱시의 죽음을 촬영까지 했다).[11]

얼마 지나지 않아 전기의자가 설치되어 1890년 첫 번째로 윌리엄 켐머William Kemmler의 사형을 집행했다.[12] 켐머가 감전으로 사망하는 데는 4분이나 걸렸다. 중간에 사형 집행이 중단되었다가 누군가가 "신이시여, 그가 살아 있습니다!"라고 외치자 재개되었다.[13]

전기의자의 핵심은 인체가 전기회로 역할을 하는지 확인하는 것으로 실제 그렇게 되기는 상당히 어렵다. 여러분이 전선에 매달리는 불행한 사고를 당한다면 손가락이 따끔거릴 수는 있지만 실제로 심각하게 위험하지는 않다. 일단 전기는 여러분 몸 표면의 비어 있는 오비탈을 채울 것이며 다른 일은 일어나지 않는다. 전기가 여러분 몸 위로 흐르면 괜찮다. 그런데 여러분 몸을 관통하여 흐르면 위험하다.

인체는 꽤 성능 좋은 도체지만(사람은 봉투에 담긴 소금물이다) 여러분 피부 위의 복잡한 구조는 뛰어난 절연체다. 건조한 피부는 저항이 약 10만 옴이다. 피부가 젖으면 모공이 수분을 흡수하여 1,000옴으로 낮아진다.

일단 전기가 몸에 들어오면 가장 흐르기 쉬운 경로를 따라 이동한다는 점도 중요하다. 아주 약한 전류가 몸속을 돌아다니다가 손을 통해 흘러나가면 여러분은 죽지 않는다. 그래도 고통스러울 테니 따라 하지 말도록.

전기가 인체에 치명적인 경우는 심장, 폐 또는 뇌에 계속해서 흐를 때뿐이다.

심장 근육이 매초 약 0.0000012암페어에 해당하는 전기 충격을 받으면 심근수축이 일어나면서 혈액이 몸 구석구석으로 공급된다. 수축이 끝나면 심장 근육이 이완되면서 심장 안으로 많은 혈액이 유입되는데 이 모든 과정이 계속해서 반복된다.

그런데 심장에 전류가 오랫동안 흐르면 심근수축 이후 이완이 일어나지 않아 신선한 혈액이 심장 내부로 들어오지 못한다. 이런 이유로 사람이 전기의자에 앉으면 사망하지만 번개는 맞아도 살 수는 있다. 번개에서 발생한 전기가 심장을 통과한다 해도 아주 짧은 시간만 흐르기 때문에 심장박동은 정상으로 돌아올 수 있다. 하지만 여러분이 누군가의 몸에 계속 전기를 흘려보낸다면 그 사람은 심장마비를 일으킬 것이다.

놀랍게도(어쩌면 아닐지도) 심장마비를 일으키는 데 얼마나 강한 전류가 필요한지는 거의 연구되지 않았다. 입증되지 않은 사례를 근거로 근사치를 도출해보니 사람을 죽이려면 전류가 약 0.05암페어 필요하다는 결론이 나왔다.

전기의자는 주정부 법에 따라 전류 1~7암페어를 체내에 흘려보냈다. 이는 치사량의 20배가 넘는다.

일반적인 전기의자형 집행에서는 회로에 붙은 두 개의 전극을 머리와 발목에 연결한다. 그러면 뇌, 심장, 폐로 전기가 통과한 끝에 적어도 하나의 장기가 제대로 작동하지 않으면서 사형수는 죽음을 맞이하게 된다.

· 10장 ·

산, 비금속원소, 빛

공포의 드럼통

1949년 3월, 영국 신문들은 잭 더 리퍼Jack the Ripper가 저지른 범죄 이후 영국 역사상 가장 끔찍한 범죄를 보도했다. 신문사 〈데일리미러Daily Mirror〉가 3월 3일 '살인 흡혈귀'라 소개한 존 조지 헤이그John George Haigh는 살인 여섯 건을 계획하고 저지른 혐의로 법정에 섰다. 그런데 대중을 경악하게 만든 내용은 살인 그 자체가 아니라 시체 처리 방식이었다.

헤이그는 피해자의 피를 잔에 따라 마신 뒤 시체를 각각 150리터 드럼통에 넣고 그 위에 진한 황산을 부은 다음 이틀간 두었다. 드럼통에 남은 찌꺼기는 작업실 뒤 하수구에 쏟아버렸다. 이와 같은 처리 방식이 알려진 계기로 그는 또 다른 별명 '산욕酸浴의 살인마'를 얻었다.

산Acid은 사람들의 상상력을 자극한다. 인체를 완전히 분해해서 그 사람이 존재했던 모든 증거를 파괴할 수 있는 '끔찍한' 화학물질이기 때문이다. 헤이그를 검거할 수 있었던 유일한 단서는 마지막 피해자 올리브 듀랜드 디컨Olive Durand-Deacon이 남긴 플라스틱 틀니 일부였다. 치과 주치의가 틀니를 근거로 피해자 신원을 파악했다.

헤이그는 8월 10일 교수형을 당했다. 그는 다른 피해자들이 있다고 주장했으나 시체가 너무나도 완벽하게 처리된 탓에 오늘날까지도 신원 확인이 되지 않는다.[1]

산화되다!

산은 물속에서 분자가 해리되면서 자유 양성자를 생성하는 물질이다. 양성자는 원자핵 안에 들어 있는 전하 입자로 대부분은 전자 오비탈에 가려져 있으나 산 분자가 물에 녹아 방출되면 주위에 엄청난 손상을 일으킨다.

홀로 떠도는 양성자는 전하가 집중된 덩어리로 어떠한 대가를 치르더라도 전자를 자기 쪽으로 끌어당긴다. 일반적으로 산은 원자 사이에 강한 결합이 형성된 유리나 플라스틱 같은 물질과는 반응할 수 없다. 하지만 우리 몸을 포함해 결합이 느슨하게 형성된 화학물질은 분해시킨다.

산은 양성자 용액으로도 볼 수 있다. 양성자 용액을 제조하는 가장 쉬운 방법은 분자 구조에 수소가 들어 있는 물질을 준비하는 것이다. 수소는 양성자 1개와 전자 1개로 구성된 가장 단순한 원소다. 따라서 수소의 전자가 모mother 분자 내 다른 원자에 관심이 많다면 양성자는 모 분자를 버리고 떠날 것이다.

염화수소를 준비하자. 염화수소 분자는 수소(H) 원자 1개와 염소(Cl) 원자 1개로 구성되어 화학식 HCl로 표기한다. 염소 원자는 수소보다 전자를 더 잘 당긴다. 그 결과 두 원자 사이에 형성된 결합은 50 : 50으로 공유되지 않고 다음과 같이 한쪽으로 치우쳐 있다.

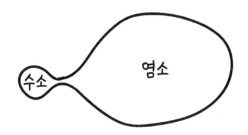

염화수소 분자를 물에 넣으면 염소가 전자를 붙든 상태로 두 원자가 분리되면서 수소는 알몸으로 남겨질 것이다. 이 외로운 수소 양성자는 자신이 반응할 수 있는 다른 분자가 등장할 때까지 물속을 떠다닌다. 우리 몸속 위장이 분비하는 염산(염화수소가 물에 녹은 수용액 – 옮긴이)은 사람 뼈도 녹인다.

가장 강한 산

우리는 분자가 얼마나 강하게 양성자를 방출하고 싶어 하는지를 기준으로 물질의 산성도를 정한다. 산성도를 나타내는 것으로 pK_a라고 부르는 척도가 있는데, pK_a 숫자가 작을수록 산성도는 강해지며 각 숫자가 그 이전 숫자보다 10배 크다.

가정용 식초는 pK_a가 5이고, 장군풀이 함유한 옥살산oxalic acid은 pK_a가 4에 가깝다. 장군풀의 산성도가 10배 강하다. 그리고 강력한 산업용 화학약품인 크로뮴산chromic acid은 pK_a 값이 1로 옥살산보다 3 낮으므로 산성도는 1,000배 높다. 상황에 따라 옥살산은 먹어도 괜찮지만 크로뮴산은 살아 있는 세포조직에 화상을 입힌다.

헤이그가 피해자를 처리할 때 사용한 진한 황산은 pK_a 값이 −3이다. 식초보다 8 낮으므로 산성도는 1억 배 강력하다.[2] 이를 다른 방식으로 표현하면 황산은 식초보다 양성자를 1억 배 쉽게 방출한다.

과염소산perchloric acid은 pK_a가 −10으로 진한 황산보다 1,000만 배 강한 산이다. 트리플릭산triflic acid은 pK_a가 −14로 진한 황산보다 1,000억 배 강하다.[3] 그런데 양초 왁스마저 용해시키는 마법산magic acid(실제 명칭)에 비하면 트리플릭산도 보잘것없다.[4]

인터넷을 검색하면 인기 있는 과학 사이트들 대부분이 −19라는 낮은 pK_a 값을 자랑하는 플루오로안티몬산fluoroantimonic acid이 세상에서 가장 강한 산이라 소개한다. 황산보다 1경 배 더 강한 이 물질은 전자 산업계에서 에칭 원료로 사용되지만 금메달을 따기에는 부족하다. 이 분야 우승자는 산성도가 너무 강해서 역사상 합성된 적이 단 한 번밖에 없다.[5]

산의 역할은 수소를 뺑 차버리는 것이므로 애초에 수소와의 결합을 달가워하지 않는 원소가 최강 산성 물질이 될 것이다. 여기에 주기율표상 반응성이 가장 낮은 원소인 헬륨보다 더 적합한 원자는 없다. 헬륨과 수소를 강제로 결합한다면 그것은 세상에서 가장 약한 결합으로 곧 끊어질 것이다.

1925년 화학자 토핀 호그니스Thorfin Hogness는 극미량의 헬륨 하이드라이드helium hydride 제조에 성공했다. 이 물질의 pK_a 값은 -69다.[6] 황산보다 얼마나 더 강한 산인지는 말로 표현하기 힘들다.

헬륨의 극도로 낮은 반응성은 이 원소가 가진 또 다른 놀라운 특성과 관련이 있다. 액체 헬륨은 우주에서 유동성이 가장 크다. 헬륨을 영하 269도로 냉각하면 원자가 운동 에너지를 잃으며 액체 상태가 된다. 다른 액체는 원자들끼리 약간의 상호작용을 하지만 헬륨은 그렇지 않다.

컵에 담긴 액체 헬륨을 한번 저으면 영원히 회전한다. 다른 액체는 컵 내벽과 상호 작용하여 회전 속도가 점점 느려진다. 하지만 액체 헬륨은 마찰을 느끼지 않아 이 세상이 끝날 때까지 회전한다.[7]

그렇다면 액체 헬륨으로 끊임없이 운동하는 장치를 만들 수 있을까? 답은 '아니오'다. 소용돌이치는 액체 헬륨에 프로펠러를 꽂으면 헬륨이 그 주위로 흘러나가기 때문이다. 액체 헬륨이 무언가에 힘을 가하도록 만드는 유일한 방법은 헬륨을 가열하는 것인데 그러면 초유동성superfluidity은 사라진다.

액체 헬륨은 중력에 저항하기도 한다. 대기는 지구의 모든 물체에 압력을 가한다. 일부 액체는 그릇에 담으면 가장자리에 있는 액체가 그릇 벽을 타고 올라가지만, 대부분의 액체는 그런 움직임을 보이지 않는다. 즉, 액체 대부분은 물질 내부에 작용하는 인력이 강해서 제자리에 머물며 그릇 벽을 타고 오르지 않는다. 반면 액체 헬륨은 그렇지 않다. 헬륨은 탈출하려 마음먹은 듯 그릇 내벽을 타고 올라가 슬금슬금 달아난다.[8]

액체 헬륨과 헬륨 하이드라이드가 지닌 초현실적 특성을 이해하기 위해 주기율표 오른쪽, 즉 비금속원소 구역으로 이동해보자.

이기적인 원소

화학에서 발견되는 화려하고 격렬한 반응은 대부분 비금속에서 일어나는데 그것은 비금속원소들이 매우 탐욕적이기 때문이다. 이미 보았듯이 금속 원자는 오비탈이 크고 서로 겹쳐져 있지만, 주기율표 오른쪽 원자는 크기가 작으며 전자를 꽉 움켜쥔다.

반응성이 가장 큰 원소는 불소(플루오린)로 우리는 1장에서 불소가 물에도 불을 붙인다는 것을 확인했다. 불소는 지표면에 거의 존재하지 않는 황록색 기체로 고밀도 강철과 방탄유리로 만든 용기에 담아 운반해야 한다. 불소 기체가 접촉하는 모든 물질로부터 전자를 빼앗을 수 있기 때문이다.

불소는 전자에 몹시 굶주린 상태로 두 개의 불소 원자가 전자를 공유할 때는 완벽한 대칭을 이룬다. 하지만 세슘cesium 같은 금속과 결합할 때는 불소가 전자를 독차지해버려 전자밀도가 고르지 않게 된다. 이는 염산 분자 내에서 전자밀도가 분포되는 방식과 비슷하다. 전자 공유를 원치 않는 비금속 원자가 전자를 거의 독차지하면서 발생하는 현상이다.

세슘과 불소 사이에 결합이 형성되면 세슘 원자는 전자가 부족해지고, 불소 원자는 전자가 풍부해진다. 이제 이들은 중성입자 단위를 유지하지 않으므로 원자가 아닌 '이온ion'이라 불러야 한다.

이온들은 여전히 전자를 공유하지만 우리는 일반적으로 세슘이 전자를 잃고, 불소가 전자를 얻는다고 상상한다.

다음 페이지 상단에 제시된 그림처럼 각 입자가 빽빽하게 배열된 공 모양으로 표현된 모습을 보면 이제 여러분은 이온 결합을 떠올릴

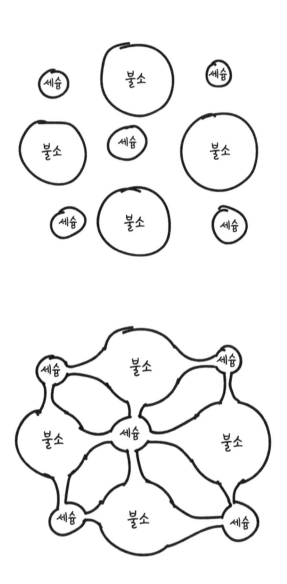

것이다. 엄격하게 따지면 이 그림은 옳지 않으나 이온의 위치와 배열을 확인하는 데 도움이 된다. 좀 더 정확하게 묘사된 그림은 그 밑에 제시되어 있다.

격자로 배열된 입자 간 결합에서 결정crystal 특성이 나온다. 비금속 원소 중 13족 붕소부터 전자가 매우 독특한 위치에 배열되면서 모서리가 날카로운 격자를 이루는 경향을 보인다. 이는 다음 이야기로 연결된다.

반짝이는 원소

붕소는 탄소 다음으로 단단한 원소로 접착제와 유리를 만드는 데 사용된다. 일반적으로 산소, 소듐과 결합을 이룬 붕사 결정 형태로 발견되는데, 붕사는 지구에서 가장 더운 지역인 캘리포니아 데스밸리에서 채굴된다.

붕사 결정은 유령처럼 하얗고 투명해서 금속처럼 보이지 않는다. 금속은 표면에 전자가 바다를 이루고 있어서 빛이 반사되어 불투명하게 보인다. 반면 비금속은 간격을 두고 배열된 오비탈 내부에 전자가 있어서 빛을 반사시키기보다 통과시킨다.

비금속을 통과한 빛은 통과하기 전과 상당히 다른 모습으로 관찰

된다. 이는 그 비금속 이온들이 이룬 각도와 오비탈 크기에 영향을 받기 때문이다. 결정 내부를 통과하면서 빛은 색이나 에너지가 달라질 수 있고, 빛에 의해 결정의 겉모습이 다르게 보일 수도 있다.

지구에서 가장 흔한 결정형 물질은 실리콘과 산소가 결합한 SiO_2 구조를 바탕으로 만들어진다. 우리가 땅에서 발견하는 여러 광물에는 SiO_2와 다른 원소들이 혼합되어 있다. 암석 한 덩어리(다양한 광물 결정이 뭉친 집합체)에는 수십 가지 원소가 포함되어 있으며 이들을 추출하려면 우리는 산이나 전기를 이용해야 한다.

실제 주기율표의 원소들 대부분은 암석을 갈아 무엇이 들어 있는지 확인하는 과정에서 발견되었다. 이를테면 원소 이트륨yttrium, 이터븀ytterbium, 어븀erbium, 터븀terbium은 모두 같은 스웨덴 광산에서 채굴한 한 종류의 암석에서 발견되었다.

그런데 값이 비싼 결정은 실리콘이 아니라 알루미늄과 산소의 결합으로 탄생한다. 순수한 산화알루미늄은 강옥corundum이라 부르는 하얀 결정형 광물로 소금과 비슷하게 생겼다. 그런데 여기에 크로뮴 원자가 약간 섞이면 루비가 된다. 크로뮴이 아니라 티타늄이나 철이 섞이면 사파이어가 된다.

가장 비싼 결정인 다이아몬드는 탄소 원자가 사면체로 배열되면서 만들어진다. 각각의 원자가 다른 주변 원자 네 개와 결합하는데 여기서도 불순물이 색을 결정한다. 붕소가 미량 섞이면 다이아몬드는 파란색이 되고, 질소가 섞이면 노란색이 된다. 원자를 바꾸면 다른 색을 얻을 수 있다.

귀족 원소

주기율표에서 다음 족으로 건너갈 때마다 우리는 더 많은 양성자를 포함하는 원자를 만난다. 다음 족으로 넘어가면서 만나는 원자들은 오비탈을 안쪽으로 끌어당겨 더욱 크기가 작고 전자 욕심이 많아진다.

17족에서 우리는 불소(불을 붙인다), 염소(화학무기), 브롬(독성 살균제)과 같은 원소를 만난다. 그런데 18족에 도착하면 이상한 현상이 벌어진다. 이 세로줄에 속한 헬륨, 네온neon, 아르곤argon, 크립톤krypton, 제논xenon, 라돈radon은 주기율표에서 반응성이 가장 낮다.

이들은 결합 형성을 몹시 꺼리기 때문에 비활성 기체라는 이름이 붙었다. 이 18족 원소들은 다른 원소들과 어울리지 않는다. 따라서 이 오만한 원소들을 '귀족noble' 기체라고도 부른다.

앞에서 헬륨의 결합 거부로 인해 헬륨 하이드라이드가 세계에서 가장 강한 산이 되는 것을 목격했다. 다음으로는 불소와 염소 옆에 배치된 원소들이 왜 반응성이 낮은지 질문해야 한다.

답은 원자핵 주위에 분포된 전자의 형태에서 나온다. 오비탈은 양자역학 매뉴얼에 따라 일정한 모양으로 고정되는 동시에 원자핵으로부터 특정 거리에서 그룹화된다.

첫 번째 오비탈 그룹은 핵 주위에 옹기종기 모여 있지만 두 번째 그룹은 핵에서 그보다 멀리 떨어져 있다. 이 바깥쪽 오비탈 그룹은 안쪽 오비탈에 의해 밀려났으며 두 오비탈 그룹 사이에는 아무것도 들어갈 수 없다.

다음 그림은 첫 번째와 두 번째 오비탈 그룹의 에너지 준위를 나타낸다. 오비탈 형태를 무시하고 단순화하면 그림처럼 판다곰 몸통을 가로로 가른 단면과 비슷할 것이다.

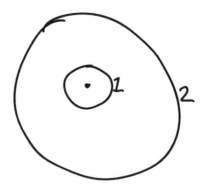

우리는 이러한 오비탈 그룹을 '껍질'이라 부르는데, 이것이 앞에서 뉴랜즈가 확인한 원소의 주기적 특성의 원인이다. 주기율표 가

로줄 왼쪽에서 오른쪽으로 가면서 특정 껍질 내 오비탈이 전자로 채워진다. 껍질이 가득 차면 더 높은 에너지 준위로 올라가 다른 껍질에 전자가 채워지기 시작한다. 이는 주기율표 다음 가로줄로 건너가는 것이다.

귀족 기체는 전자로 껍질을 완전히 채웠을 때 얻는 원소들이다. 이들 원자는 모든 오비탈이 꽉 채워져 있어서 다른 전자를 넣을 공간이 없다. 게다가 원자 크기가 작아서(주기율표 오른쪽에 위치함) 자기 전자들을 꽉 붙들고 다른 원자에게 내주지 않는다.

따라서 귀족 기체는 전자를 받아들이거나 줄 가능성이 매우 낮으며 다른 원자와 거의 결합을 이루지 않는다. 지난 수십 년간 귀족 기체 화합물 수십 가지가 합성되긴 했으나 흔한 일은 아니다.

비활성 원소들은 무의미하고 따분해 보일 수 있으나 반응하지 않는 특성이 이들을 유용하게 만든다. 전구를 살펴보자. 내부 필라멘트는 텅스텐으로 만드는데 이 필라멘트가 전기를 공급받으면 빛을 낸다. 문제는 텅스텐이 지나치게 뜨거워지면 산소와 반응하기 시작한다는 것이다. 이 문제를 피하기 위해 우리는 공기 대신 아르곤으로 전구 내부를 채운다. 아르곤은 아무 반응도 일으키지 않고 전구가 계속 빛을 내도록 만든다.

우리는 또한 비활성 기체가 내는 특유의 선명한 색상을 활용할 수 있다. 비활성 기체를 유리관 안에 넣고 한쪽 끝에서 다른 쪽 끝으로 전류가 흐르게 하면 비활성 기체 원자도 진동하기 시작한다. 그리고 기체 원자 내 전자가 전기 에너지에 의해 들뜬 상태가 되었다가 고유의 빛을 방출하면서 본래 에너지 준위로 떨어진다.

다른 기체라면 반응이 진행되거나 재배열이 일어나며 안정화될 것이다. 안정적이란 말은 더 이상 에너지가 남아 있지 않다는 의미이므로 전원을 켠 직후에 전구 불이 꺼질 것이다. 하지만 비활성 기체는 다른 원소와 거의 결합하지 않기 때문에 이리저리 기체 운동만 하면서 빛을 일정하게 방출한다. 네온은 빨간색, 헬륨은 오렌지색, 아르곤은 파란색, 크립톤은 녹색, 제논은 하늘색으로 전구를 빛낸다. 네온이 가장 먼저 발견된 까닭에 비활성 기체로 채워져 지지직거리는 유리관은 '네온사인'이라 불린다.

· 11장 ·

생명을 구성하는 모든 것이 주기율표에 있다

독성이 가장 강한 물질

2006년 세계 언론은 폴로늄 중독으로 고통스럽게 사망한 알렉산드르 리트비넨코Alexander Litvinenko에 대해 보도했다. 그는 러시아 연방보안국 전직 요원이다. 정치적 배경은 일단 접어두고, 그 이야기가 그토록 끔찍했던 이유는 극히 소량으로도 사람을 사망에 이르게 하는 폴로늄 때문이었다. 리트비넨코는 0.01그램도 되지 않는 폴로늄에 노출되었으나 3주도 지나지 않아 사망한 것으로 추정되었다.[1] 그렇다면 폴로늄이 인체에 가장 나쁜 물질일까?

독성을 판단하는 과정은 상상하는 것처럼 그리 간단하지 않다. 우선 체내에서 일어나는 신진대사는 사람마다 다르다. 니코틴만 해도 사람에 따라 일곱 가지 다른 화학물질로 변화한다. 왜 몇몇 사람에게 담배 끊기가 유난히 더 어려운지 이 현상으로 설명할 수 있다. 니코틴은 그들 몸속에서 문자 그대로 더욱 중독성 강한 물질로 바뀐다.

이것은 사람들을 독살하려 했을 때 일부는 죽지만 나머지는 살아남는다는 것을 의미한다. 그 결과는 완벽하게 무작위적이다. 이런 상황을 고려해 생물학자는 한 집단의 50퍼센트를 죽일 수 있는 치사량인 LD_{50} 값을 사용한다. LD_{50}은 mg/kg(생물 몸무게 1킬로그램당 독극물 몇 밀리그램이 필요한지 의미함) 단위로 표현되며 값이 낮을수록 독성은 강하다.

순수한 카페인의 LD_{50}은 킬로그램당 367밀리그램이다.[2] 일반적으로 몸무게가 약 1킬로그램인 새끼 오리가 카페인 367밀리그램을 섭취한다면 50퍼센트 확률로 생존한다. 반면 아프리카코끼리 수컷은 몸무게가 5,000킬로그램인데 이 코끼리를 죽였다고 50퍼센트 확신하려면 카페인 2킬로그램이 필요하다.

인간을 기준으로 제시된 정확한 LD_{50} 값을 알기는 쉽지 않다. 그 값을 확인하려면 많은 사람을 독살해 몇 명이나 죽었는지 알아내야 하기 때문이다. 슬프지만 신원을 모르는 범죄자들을 대상으로 그런 실험이 진행된 적은 몇 번 있으나 흔하게 이루어지지 않는다.[3]

특정 동물을 인간에 가까운 근사치로 여길 수 있지만 앞에서 언급한 문제에 부딪힌다. 종이 다른 생물 체내에서는 다른 방식으로 신진대사가 일어난다. 글루쿠론산glucuronic acid은 사람에게 해롭지 않아 조리용 향신료로 사용되지만 고양이에는 치명적이다. 비소arsenic는 인간에게 독이지만 닭 사료에 첨가하면 근육량이 늘어난다. 초콜릿에 들어 있는 테오브로민theobromine은 소형견을 죽일 수 있는 물질로 유명하지만 인간에게 초콜릿은 자책감만 남긴다.

실험동물이 아닌 침팬지를 제외하면 생물학적으로 인간과 가장 유사한 동물은 쥐다. 동물 실험에 대한 여러분의 윤리적 입장이 어떠하든 쥐에 화학물질을 주입해 얻은 결과가 인간을 대상으로 한 실험 결과와 가장 가까운 것은 사실이다.

화학물질이 흡수되는 방식에 따라 체내에서 다르게 작용한다는 점도 기억해야 한다. 홀뮴holmium은 어떻게 복용하든 독성이 있지만 인듐indium은 흡입 독성만 있다(주의: 그래도 어떻게든 섭취하지 않는 것이 최선이다).

모든 사실을 종합하면 세상에서 독성이 가장 강한 화학물질을 꼽기 어려워진다. 이는 어떻게 보면 다행이지만 지금 우리는 독성 물질이라는 주제에 관해 논하고 있으므로 몇몇 후보 물질을 살펴보자.

납은 LD_{50}이 킬로그램당 600밀리그램이다. 킬로그램당 32밀리그램인 탈륨이 납보다 20배 더 위험하다. 19세기 소설가들이 선호하던 독극물 비소는 LD_{50}이 킬로그램당 20밀리그램인 반면 인은 킬로그램당 3밀리그램에 불과하다.[4]

화학 독성만 따지면 인이 가장 강하지만 방사능 독성까지 범위를 넓히면 폴로늄이 인을 압도한다. 방사성 원소는 신체 기능을 방해하는 것에서 끝나지 않는다. 그들은 알파입자를 방출하여(8장 참조) 인간을 구성하는 세포들을 갈기갈기 찢는다.

그런 이유로 폴로늄이 아마 가장 치명적인 원소일 것이다. 사실 아무도 폴로늄의 LD_{50} 값을 알지 못한다. 실험자들조차 폴로늄으로 실험하기를 꺼리는 탓이다. 티끌만 한 폴로늄 덩어리도 사람을 죽일 수 있다. 리트비넨코를 죽이는 데 사용된 양을 감안하면 폴로늄의 LD_{50}은 매우 작을 것이다.

원소뿐만 아니라 화합물까지 대상을 넓힌다면 이제 폴로늄은 최악이 아니다. 디메틸 카드뮴dimethyl cadmium은 종종 세계에서 가장 독성이 강한 화합물로 언급된다. 이 물질 0.001그램을 물 1톤에 용해한 용액도 인체에 치명적이다.[5] 그러나 왕관은 박테리아 클로스트리듐 보툴리눔이 생산하는 화학물질 보툴리눔 독소가 차지한다.

보툴리눔 독소에는 A에서 H까지 이름 붙은 여러 종이 있는데 가장 나쁜 종은 보툴리눔 독소 H다. 이 물질은 20억 분의 1그램만으로 성인을 사망에 이르게 한다.[6] 지구 인구가 70억 명이라 가정하면 14그램(1 티스푼)으로 인류 전체를 몰살할 수 있다. 게다가 이것은 몸을 마비시킨 다음 목숨을 앗아가는 고약한 방식을 취한다.

그런데 보툴리눔 독소를 저농도로 희석하여 이마에 주입하면 근육을 마비시켜 주름을 펼 수 있다. 보툴리눔 독소 A(독성이 그리 치명적이지 않음)가 정확하게 이 목적으로 사용되며 보톡스Botox라는 상표명으로 판매되고 있다.[7]

생명을 만드는 원소

1924년 미국의사협회 회장 찰스 메이오Charles Mayo는 인체를 원소 단위로 쪼개면 가격이 84센트 정도 나간다는 인색한 계산 결과를 발표했다.[8] 우리 몸속 혈액에서 나온 철분으로 가정용 못 한 개, 단백질에 포함된 탄소로 숯 한 봉지를 만들 수 있다.

책의 머리말에서 사람 한 명을 표현하는 화학식을 작성하며 비슷한 계산을 했다. 이것으로 우리 몸을 구성하는 원자와 부엌에 쌓인 식재료를 구성하는 원자에는 큰 차이가 없다는 사실을 절실히 깨닫는다.

그런데 많은 사람이 이러한 개념을 불편해한다. 나는 잡지에서 한 과학자가 특정 아이스크림에 "4-히드록시-3-메톡시벤즈알데히드 4-hydroxy-3-methoxybenzaldehyde 대신 천연 바닐라 성분만 들어 있다"고 홍보하며 걱정하는 고객들을 안심시키는 광고를 본 적 있다. 이 광고의 제작자가 놓친 것은 4-히드록시-3-메톡시벤즈알데히드가 바닐라의 화학명이라는 사실이다. 그 광고문구는 "이 술에는 H_2O가 전혀 없고, 오직 물만 들어 있습니다"라고 주장하는 것과 같다.

중세 사람들은 살아 있는 생명체가 무생물과 다르게 마법이 깃든 '근본 물질'로 만들어졌다고 믿었다. 이러한 믿음은 생기론vitalism이라 불렸는데 르네상스 시대가 열리면서 다른 미신들과 함께 생기론에도 균열이 가기 시작했다.

1745년 빈첸초 멩기니_{Vincenzo Menghini}는 인간 장기를 불에 활활 태운 뒤 남은 잿더미를 자성이 있는 칼로 휘적이면 철가루를 얻을 수 있다는 것을 알아냈다.[9] 그리고 인체에는 기본적으로 철 성분이 있어야 하며 아마도 우리는 마법의 재료로 만들어지지 않았으리라는 결론을 내렸다.

1828년 프리드리히 뵐러_{Friedrich Wöhler}는 값싼 실험용 화학물질로 요소를 합성하면서 한 걸음 더 나아갔다.[10] 요소는 인간 소변의 주요 성분인 까닭에 인간이 이해할 수 없는 물질로 여겨졌다. 그런데 뵐러가 요소는 분자식 CH_4N_2O인 평범한 분자라는 사실을 밝혔다.

좋든 싫든 살아 있는 생물을 구성하는 원소는 화학물질 성분 원소와 다르지 않다. 인간 DNA 한 가닥에는 탄소, 수소, 산소, 질소, 인 원자가 대략 2,040억 개 들어 있다. DNA를 특별하게 만드는 추가적인 '근본 물질'은 없다.

멩기니가 잿더미에서 발견한 철은 혈액 속에서 산소 분자를 다양한 신체 부위로 실어 나르는 데 사용된다. 산소가 필요한 부위에 도착하면 크로뮴, 몰리브데넘, 구리, 아연을 포함하는 효소와 단백질이 산소 저장을 돕는다. 망가니즈는 체내에 해로운 영향을 미치는 원자의 작용을 막는다.

여성이 임신하면 9개월 동안 먹은 음식이 원자로 분해되어 태아를 형성한다. 우유 속의 칼슘은 뼈를 만들고, 감자 성분인 질소는 피부를 구성하며, 소금에 함유된 소듐은 뇌를 이룬다. 문자 그대로 우리가 먹는 것이 곧 우리 자신이다.

이는 동물만의 이야기가 아니다. 식물은 마그네슘으로 햇빛을 흡수하고, 바나듐과 몰리브데넘을 이용해 성장에 중요한 영양분인 질소를 토양에서 얻는다. 생물학적 체계가 어떠한지에 상관없이 생물을 구성하는 모든 원소가 주기율표에 있다.

이러한 이유로 몇몇 사람은 생물학을 응용화학이라 부르지만 적절하지 않은 표현이다. 생물학은 깜짝 놀랄 만큼 정교한 화학일 뿐이다.

하지만 그로 인해 우리는 대가를 치른다. 세상을 구성하는 물질과 같은 재료로 만들어졌다는 이유로 인체는 세상에서 일어나는 문제 상황에 똑같이 취약하다.

균형

1500년대에 독일은 과학적 르네상스를 겪었는데 이 시기 가장 돋보인 인물은 위대한 스위스 의사 파라셀수스Paracelsus였다. 그의 본명은 테오파라투스 봄바스투스 폰 호헨하임Theophrastus Bombastus von Hohenheim으로 미신보다 과학적 관점에서 의학을 연구한 최초의 인물이었다.

파라셀수스가 남긴 가장 유명한 명언은 그를 기리기 위하여 파라셀수스 원칙Paracelsus principle이라고도 불리는데 내용은 간단하다. '복용량이 독성을 결정한다.' 즉 어떤 물질이 이로운지 해로운지는 양에 따라 정해진다는 의미다.

시안화물cyanide(청산가리 성분 - 옮긴이)조차 일정 수준이 넘어야 몸에 해롭다. 사과 씨앗에 들어 있는 아미그달린amygdalin은 체내에서 시안화물로 변환된다. 하지만 그 물질로 인해 건강에 이상이 생기려면 사과 약 18개에서 채취한 씨앗을 한 번에 먹어야 한다.

체내 금속도 마찬가지다. 구리가 부족하면 면역체계가 제 기능을 발휘하지 못하고, 너무 많으면 눈이 충혈된다. 붉은 눈망울은 아름다워 보일 수도 있지만 동시에 피를 토할 것이므로 기분이 그리 유쾌하지 않을 것이다.

비소는 독약으로 유명하지만 적은 양을 투여하면 백혈병을 치료할 수 있다.[11] 세계 최초로 개발된 매독 특효약이지만 요즘에는 약효가 잘 나타나지 않아 우리에게 생소한 의약품인 살바르산Salvarsan의 중심 원자가 비소다.[12] 안티모니는 항균제로 사용할 수 있으나 숙주를 너무 많이 죽이는 문제가 있다. 소량의 세륨은 결핵을 치료하지만 지나치게 복용하면 심장마비를 일으킨다.[13]

파라셀수스 원칙은 우리가 권장량만큼 약을 복용해야 하는 이유다. 적절한 양의 화학물질을 사용하면 생명을 구하지만 그렇지 않으면 생명을 죽이게 된다.

그 물질은 왜 독이 될까?

솔직히 말하면 우리는 어떠한 물질이 좋은지 나쁜지 알지 못한다. 존재하는 화학물질은 수가 너무 많은 탓에 물질 효과에 따라 하나하나 분류하는 것이 불가능하다. 1920년대 후반까지 인류는 분자 결합에 대해서만 겨우 알았다. 생물학의 많은 부분이 여전히 베일에 싸여 있는 상황은 그리 놀랍지 않다. 30억 년 넘게 궁리한 문제를 100년 만에 해결할 방법은 없다.

인간은 균형이 잘 잡힌 섬세한 반응의 집합체다. 우리가 그 반응 가운데 하나를 건드리면 연쇄반응이 일어날 수 있으며 최종 결과는 예측 불가능하다.

텔루륨을 너무 많이 섭취하면 끔찍한 입 냄새가 나고, 은을 많이 먹으면 은피증argyria이 피부를 파랗게 만들 것이다.[14] 다이너마이트 활성 성분인 나이트로글리세린은 협심증 치료에 사용되는데 왜 효과가 있는지는 아무도 모른다.[15]

우리가 잘 아는 몇 안 되는 독성 물질 가운데 하나가 시안화물이다. 시안화물 독성은 철과 강한 결합을 이루는 특성에서 비롯된다. 이들 분자가 시토크롬 c 산화효소cytochrome c oxidase 중심에서 철과 결합하면 철은 사용 불가능한 상태가 되고 산화효소의 모든 기능은 마비된다.

이것은 나쁜 소식이다. 시토크롬 c 산화효소는 우리가 음식에서 에너지를 얻는 데 필요한 효소이기 때문이다. 효소의 전원이 꺼진다는 말은 기본적으로 몇 주가 아닌 몇 분 안에 에너지 고갈로 죽는다는 의미다.

우리는 또한 일부 원소, 특히 중금속에 독성이 있다는 사실을 이미 알고 있다. 우리 몸에서 필요로 하는 원소와 중금속은 크기가 비슷하기 때문에 몸속 효소는 중금속과 우연히 결합할 수 있다.

아연zinc은 성장에 꼭 필요한 원소다. 아연과 크기가 비슷한 카드뮴을 섭취하면 신체는 카드뮴을 재료로 효소를 합성하기 시작한다. 그런데 카드뮴은 우리 몸속 화학물질과 상호작용하기에 적절한 오비탈을 지니고 있지 않으므로 결국 카드뮴중독에 걸리게 된다. 그렇게 된 우리 신체는 성장을 멈춘다.

납중독은 납이 적혈구 제조에 필요한 칼슘과 크기가 비슷하다는 이유로 발생한다. 몸에 납이 너무 많이 쌓이면 피를 만들 수 없게 된다. 수은은 뇌를 감싸는 막을 통과하기에 적합한 크기여서 더욱 심각하다. 일단 수은이 뇌 안으로 들어가면 사고 패턴은 물론 신경계에도 영향을 미칠 수 있다.

오늘날 많은 사람이 이러한 이유로 수은 섭취를 피한다. 하지만 19세기에는 따뜻한 질산수은mercury nitrate이 모자의 주재료인 펠트felt를 생산하는 데 핵심 원료로 사용되었다. 아니나 다를까 모자 산업에 종사하던 사람들은 전자 몇 개를 잃은 원자처럼 행동하는 것으로 유명해졌다. 여기서 '모자 장수만큼 정신 나간mad as a hatter'이라는 말이 탄생했다.[16]

몸속의 불

이 모든 반응을 수행하려면 신체는 지치므로 생존을 위해서는 몸에 끊임없이 에너지를 공급해야 한다. 이것이 여러분이 당류를 먹고 태우면서 에너지를 얻어야 하는 이유다.

화학적 맥락에서 설탕sugar은 하나의 화학물질이 아니라 여러 물질의 집합체다. 설탕류에 포함되는 물질들은 모두 탄소, 산소, 수소로 구성된 오각형 또는 육각형 구조로 이루어져 있다. 부엌에서 흔히 쓰는 설탕에는 포도당glucose과 과당fructose이라 부르는 두 종류의 분자가 섞여 있다. 설탕은 미분, 과립, 덩어리 등 다양한 제품으로 구입할 수 있으며 이 같은 제품들은 구성 성분보다 결정 크기로 분류된다.

우리가 먹는 음식의 대부분에 포함된 설탕은 체내에서 분해되어 가장 작은 단위 분자인 포도당($C_6H_{12}O_6$)이 된다. 포도당 분자는 일련의 반응을 거쳐 최종적으로 물과 이산화탄소가 된다. 물은 땀으로 배출되고, 이산화탄소는 혈액에 녹아 폐로 운반된 다음 날숨에 몸 밖으로 빠져나간다. 지금 여러분이 내쉬는 숨은 오늘 먹은 아침밥으로 만들어졌다.

포도당을 구성하는 C, H, O 원자는 아데노신삼인산adenosine triphosphate 혹은 짧게 줄여 ATP라 부르는 매우 불안정한 분자로 재포장된다. ATP에는 인 산화물phosphorus oxides 사슬이 매달려 있는데 이는 언제라도 끊어져 빛과 열을 방출한다. 이때 에너지는 다른 분자로 흡수될 수 있으며 세포의 모든 반응을 촉진하는 데 사용된다.

이들 반응이 정확한 시점에 오차 없이 일어나려면 분자적 장치에 의해 모든 절차가 통제되어야 한다. 그 일련의 반응을 발견한 핸스 크레브스Hans Krebs가 반응 전체를 체계적으로 정리하여 노벨상을 받았다.

이것이 우리가 음식을 먹어야 하는 이유다. 당분이 없으면 우리를 생물로 만들어주는 모든 화학반응을 촉진할 에너지를 얻을 수 없다. 하나의 종(스피노로리쿠스 킨지에Spinoloricus cinziae는 다른 방식으로 에너지를 얻는 것으로 보임)을 제외한 지구상 모든 생명체의 몸에는 크레브스 회로가 있다.

호흡 respiration은 '숨 쉬다'라는 뜻의 라틴어 'spirare'에서 유래한 단어로 화학적 관점에서 말하면 불과 같다. 호흡 과정에서 화학물질은 산소와 반응하여 이산화탄소, 물, 열, 빛을 방출한다. 우리는 모두 걸어 다니는 용광로다.

그럼에도 우리 몸이 위험한 상황에 놓이지 않는 유일한 이유는 반응들이 몇 단계에 걸쳐 아주 작은 규모로 일어나기 때문이다. 이런 방식이 아니라면 인체는 자연히 불길에 휩싸일 것이다.

몸속의 용광로

인체의 자연발화를 다룬 최초 문헌을 보면 16세기 초 보나 스포르차 Bona Sforza 왕비 시대에 신원 미상의 폴란드 기사가 사망한 사건이 언급된다. 1654년 토마스 바르톨린 Thomas Bartholin이 쓴 책에 등장하는 이 이야기는 저자가 아돌푸스 보르스티우스 Adolphus Vorstius에게 전해 듣고, 아돌푸스는 그의 아버지에게 전해 들었다. 그의 아버지는 그 이야기가 적힌 책을 한 번 읽은 적이 있다고 한다.[17] 라틴어로 적힌 책의 원문을 짧게 번역하면 "그가 따뜻한 와인을 두 잔 마시자 입에서 불꽃이 뿜어져 나왔고 몸이 불탔다"라는 내용이다.

인체자연발화Spontaneous Human Combustion: SHC는 논란이 많은 주제다. 이 현상이 발생한다고 확신하는 사람이 아무도 없기 때문이다. 외부에서 불을 붙이지 않아도 사람이 자연발화할 수 있다는 아이디어는 상당히 인상적이다. 하지만 그런 일은 매우 드물게 일어나는 까닭에 제대로 연구한 사례조차 찾을 수 없다. 한 무리의 사람을 모아 누구의 몸에 자연히 불이 붙는지 살펴보는 식으로 할 수 있는 연구가 아니다.

인체자연발화에 관한 대부분의 보고서는 앞에서 언급한 폴란드 기사 이야기와 비슷하다. 전해져 내려오는 비논리적인 이야기 혹은 공포심을 자극하는 이야기에 지나지 않는다. 이야기가 자세하다면 논리적으로 그 내용을 따져보기는 훨씬 쉽다. 인체자연발화는 상상력을 자극하는 흥미로운 주제이니 여기서 관련 내용을 꼼꼼하게 살펴보는 게 좋겠다.

인체자연발화를 다룬 이야기 대부분에서 발과 손을 제외한 인체가 검게 그을리거나 녹아내린 잔해로 발견된다. 뼈는 재로 변하지만 주변에 놓여 있던 가구는 대부분 손상되지 않는다.

먼저 재로 변한 뼈 이야기를 하자. 많은 사람이 뼈를 태워서 재로 만들려면 온도가 매우 높아야 한다고 주장한다. 화장장 용광로 온도는 보통 980도가 넘는다.

그런데 화장장에서 이처럼 높은 온도를 가하는 이유는 시체를 빠르게 태워야 하기 때문이다. 그보다 온도가 낮은 수백 도 불이라도 몇 시간 지속된다면 뼈가 재로 변하기에 충분하다. 오랫동안 불길을 유지할 연료만 찾는다면 이제 남은 수수께끼는 없다.

다음 과제는 연료 문제를 해결하는 것이다. 1998년 과학자 존 드한John de Haan이 돼지 사체를 천으로 감싼 다음 불을 지르는 실험을 여러 차례 진행했다. 일단 불이 붙어 수분이 날아가 건조해진 사체는 다섯 시간 동안 쉬지 않고 타오른 끝에 발을 제외한 온몸이 사라졌다.[18] 이 섬뜩한 실험 결과는 '심지 효과wick effect'로 설명된다.

포유류의 피하지방은 대부분 불에 잘 타는데 피부가 찢어지면 지방이 녹아 사체를 감은 천으로 스며든다. 액체로 변한 지방에 흠뻑 젖은 천은 그 지방을 연료 삼아 몇 시간 동안 촛불처럼 탄다. 이 현상은 자연발화한 뒤에 손발만 남는 이유를 설명한다. 손발에는 지방이 거의 없어서 불길에 손상되지 않는다.

그런데 자연발화가 발생한 방은 어떻게 그대로 보존될 수 있을까? 우리는 흔히 건물 1층에서 시작되어 걷잡을 수 없이 확산된 화재 이야기를 들으면 복도를 따라 번져나간 불이 건물 전체를 태웠으리라 예상한다. 그런데 불은 실제로는 그런 식으로 번지지 않는다.

화재는 대부분 바깥쪽이 아닌 위쪽으로 번진다. 천장이 매우 낮지 않은 한 연료가 소진되면 불이 더는 타오르지 못한다. 모닥불 바로 옆에 서 있거나 불붙은 성냥을 들고 있어도 피부로 불이 옮겨 붙지 않는다는 것을 기억하자. 화학 실험실에서 분젠 버너에 불을 켜놓아도 몇 센티미터 떨어진 자리에 놓인 실험 교재에는 불이 전혀 붙지 않는다.

타오르는 불 바로 옆에 떨어진 휴지 조각을 주울 때도 불은 옮겨 붙지 않는다. 심지어 휴지 조각을 들어서 불에 휙 통과시켜도 휴지 온도만 조금 따뜻해질 뿐이다.

불길이 번져서 뉴스에 등장하는 사건들은 대개 직접적인 접촉이 일어난 결과다. 나뭇가지가 맞부딪히거나 불씨가 바람에 실려 다른 구역으로 날아가면서 화재는 빠르게 확산된다. 우리의 예상과 다르게 불은 공기를 통해서는 쉽게 번지지 않는다. 그렇지 않다면 오븐을 켜거나 담배에 불을 붙일 때마다 대기는 화염에 휩싸일 것이다.

다른 어딘가에서 불이 시작되었다는 단서만 발견되면 인체자연발화에 얽힌 미스터리는 사라지며 모든 정황이 과학적으로 간단하게 설명된다. 그런데 인체자연발화를 기술한 상세한 보고서 대부분에는 명백한 발화 원인이 드러나 있다.

1725년 2월 20일 프랑스 랭스에서 니콜 밀레Nicole Millet가 사망했다. 그는 건물 바닥에서 까맣게 그을린 채 발견되었다는 이유로 인체자연발화 사례로 자주 인용된다. 여기서 고려해야 할 사항이 있다. 밀레는 술을 즐겨 마셨으며 사건 당시 그가 몸을 녹이기 위해 술병을 들고 난롯가에 다가갔다는 점이다.[19]

마찬가지로 1951년 7월 2일 플로리다주 세인트피터즈버그에서 메리 리서Mary Reeser는 불에 탄 채 안락의자에서 발견되었다. 그가 앉았던 의자를 제외하면 방에는 화재 피해가 거의 없었다.[20] FBI가 조사한 결과 수면제를 복용하고 있던 리서가 담배를 피우던 도중 잠이 든 것으로 밝혀졌다.[21]

과학자로서 우리는 내용이 특히 수상한 주장에 언제나 의심을 품어야 한다. 인체자연발화는 발생할 수 있는 현상이지만 실제 자연발화가 일어난 사례는 전혀 없다는 것이 밝혀졌다. 그렇지만······.

나는 인체자연발화가 일어나는지 아닌지 확신할 수 없다. 인체자연발화로 언급되는 사례 대부분에서는 분명한 발화 원인이 드러났다. 하지만 그렇지 않은 한두 사례를 무시할 수 없다. 역사에 기록된 수백 건의 인체자연발화 가운데 과학적으로 설명이 불가능한 경우도 소수 존재한다.

1967년 9월 13일 런던 램버스에서 일어난 로버트 프랜시스 베일리Robert Francis Bailey 사례가 그렇다. 런던의 한 폐가 근처를 지나던 사람들이 그 건물 안에서 번쩍이는 불빛을 발견했다. 화재 신고 몇 분 만에 소방대가 도착했다. 소방 지휘관 존 스테이시John Stacey는 폐가에 들어갔을 때 베일리가 바닥에 웅크리고 있었으며 10센티미터 정도 벌어진 그의 위장 틈으로 불꽃이 맹렬하게 치솟고 있었다고 보고했다. 건물은 전기와 가스 공급이 끊어져 있었으며 성냥을 쓴 흔적도 없었다.[22] 그렇다면 불길은 어디서 시작되었으며 베일리의 위장에서는 왜 불꽃이 터져 나왔을까?

다음으로 제2차 세계대전 당시 로열 웰시 푸실리어Royal Welsh Fusiliers 제9대대 소속이었던 레이먼드 리드Raymond Reed의 경험담을 들어보자. 리드 자신이 불탄 것은 아니지만 어느 날 밤 잉글랜드 남서부 지방에서 들판을 건너는 중 근처 양 한 마리가 폭발하는 광경을 보았다고 그는 회고한다.[23] 아마도 양이 침대에 누워 담배를 피우지는 않았을 것이다.

또 영국 리버풀의 한 교회에서 와트Watt라는 남성이 장티푸스로 사망했는데, 오랜 시간이 흐른 뒤인 1867년 교회 지하실이 갑자기 불길에 휩싸이는 사건이 일어났다.[24] 관 속에 누워 있던 그가 담배를 피웠을 가능성은 없다.

이 같은 사례가 실제 일어났다고 믿는다면 적절한 논리를 찾기는 어렵다. 불에 타고 남은 잔해를 심지 효과로 설명은 가능하지만 발화 원인은 찾을 수 없다.

그런데 우리는 이러한 상황을 경계해야 한다. 어떤 대상을 논리적으로 명확하게 설명할 수 없다고 해서 기상천외한 내용 그대로 받아들여야 하는 것은 아니다. 이처럼 설명 불가능한 사건을 마주할 때 해야 할 일은 설명할 방법을 모른다고 인정하는 것이다. 멋대로 억측해서는 안 된다. 인체자연발화를 뒷받침하는 근거를 직접 찾을 수 없으면 인체자연발화가 사실이라고 추정할 이유도 없다. 그렇지 않으면 설명할 수 없는 화재는 전부 인체자연발화 탓이라고 주장하게 될 것이다.

그런데 목격담을 전부 취합해보면 인체자연발화가 일어난 증거로 간주할 만한 한 가지 공통 요소가 있다. 불은 언제나 밝은 파란색이며 내장에서 발생한다는 점이다.

1993년 귄터 가스만Günter Gassmann과 디트마어 글린드만Dietmar Glindemann은 인간 내장에서 포스핀phosphine(PH_3)이 생성될 수 있음을 밝혔다.[25] 포스핀 자체에는 불이 붙지 않지만 포스핀 두 분자가 결합하면 디포스핀diphosphine(P_2H_4)이 된다. 디포스핀은 산소가 있으면 자연발화하여 주위의 다른 기체를 태운다. 사람 체내에 주로 존재하는 기체는 메탄methane(CH_4)으로 대부분 장 속에서 발견되는데 불꽃이 파란색인 것으로 유명하다.

디포스핀은 습도가 높은 지대에서 주로 생성되어 이따금 늪이나 묘지 주변에서 푸른 불꽃을 일으킨다. 일명 도깨비불로 알려진 이 현상은 사실 인화합물이 메탄가스에 불을 붙인 결과다.

현재 장 속에서 디포스핀이 형성되는 메커니즘은 알려지지 않았다. 하지만 장에서 그런 반응이 일어난다면, 그리고 그 결과물이 산소와 접촉한다면, 게다가 그 주위에 메탄가스가 충분히 존재한다면, 푸른 불꽃이 일어날 가능성은 희박하게나마 있다.

인체자연발화에 대한 의문에 과학적으로 제시할 수 있는 솔직한 대답은 여전히 '우리는 모른다'이다. 디포스핀에서 미약한 가능성을 발견하지만 추정은 증거가 되지 않는다. 우리가 말할 수 있는 것은 인체자연발화가 정말로 일어난다면 그 확률은 10억 분의 1이라는 것이다.

· 12장 ·

세상을 바꾼 원소들

역사상 가장 긴 실험

일반적으로 고체, 액체, 기체로 물질을 구분하기는 간단하다. 고체는 흐르지 않고, 액체는 흐르지만 압축되지 않고, 기체는 흐를 수 있으며 압축이 가능하다. 대부분의 물질은 이 기준으로 정의할 수 있지만 인류 역사에 처음 등장하면서 놀라운 기록을 세운 화학물질인 피치pitch는 그렇지 않다.

피치는 종종 아스팔트라고도 불리는데 원유가 증류되고 남은 끈적끈적한 검은색 잔여물이다. 도로포장에 사용되는 물질인 피치는 딱딱한 고체로 보이지만 실제로는 그렇지 않다는 점이 흥미롭다. 여러분이 운전하는 도로는 액체로 덮여 있다.

1902년 로열 스코틀랜드 박물관에서 신원이 밝혀지지 않은 과학자가 유리 깔때기에 뜨거운 피치 샘플을 쏟아붓고 식혔다. 그 후 100년이 넘는 세월 동안 깔때기를 타고 흘러 둥근 실험 접시로 떨어진 피치는 단 두 방울이다.[1] 겉으로 보기에는 질척한 검은색 고형물이지만 현재 여러분이 살펴보는 이 물질은 인류에게 알려진 가장 점도 높은 액체다.

1927년 호주 퀸즐랜드대학교에서 스코틀랜드보다 약간 더 묽은 피치를 이용하여 유사한 실험 장치를 구축했다. 실험이 시작된 이후 깔때기에서 피치가 아홉 번 떨어졌는데 그중 가장 최근이 2014년이다.

피치가 천천히 조금씩 흘러내리는 모습을 저속촬영 카메라가 찍고 있지만 피치 한 방울이 떨어지는 정확한 순간을 목격한 사람은 아무도 없다. www.thetenthwatch.com/feed를 방문하면 여러분은 10번째 피치 방울이 천천히 맺히고 있는 호주의 실험 실황을 볼 수 있다.

언급한 두 실험은 제1차 세계대전과 제2차 세계대전, 소비에트 연방의 융성과 쇠퇴, 그리고 영화 〈분노의 질주Fast and Furious〉 시리즈 전체가 개봉되는 시기를 거치며 역사상 가장 오래 진행한 실험이라는 기록을 세웠다. 그런데 여기서 잠시 철학적인 성찰을 해보자. 다른 어떤 실험은 그보다도 훨씬 오랜 기간 진행되고 있으며 우리는 그 실험의 한복판에 서 있다고 주장할 수 있다.

행성에 꼭 필요한 원소들을 모아 공처럼 뭉쳐서 우주 후미진 곳에 떠 있는 항성 주위를 공전하도록 45억 년을 놔둔다면 무슨 일이 벌어질까? 그 행성 중심과 표면은 어떻게 변화할까?

공룡이 지구를 떠돌기 전부터 원소들은 존재했다. 그들이 빚어낸 화학반응들로 채워진 기나긴 연대기에서 인류는 최근에야 등장했다. 원소 이야기는 인류에 관한 이야기이기도 하며, 우리가 실체를 알았든 몰랐든 주기율표는 언제나 인류 곁에 있었다.

따라서 마지막 장에서는 어떤 원소가 인류의 문명이 발전하는 데 결정적 역할을 했는지, 또 어떤 원소가 인류라는 이름의 실험에 가장 막강한 영향을 끼쳤는지 살펴보려 한다.

돌아와, 아연!

만화 시리즈 〈심슨 가족The Simpsons〉 중 한 에피소드다. 바트는 원소 아연이 없는 세상에서 살기를 원하는 어린이 지미Jimmy에 관한 비디오를 본다. 얼마 지나지 않아 지미는 자동차 배터리가 사라져 여자 친구 베티를 차에 태우지 못한다는 사실을 깨닫는다. 그뿐 아니라 기계식 전화기에는 다이얼이 없고, 지미가 자살하려고 손에 쥔 권총에는 격침이 없다. '돌아와, 아연!'이라고 외치면서 잠에서 깬 지미는 안도의 숨을 내쉰다. 그것은 전부 끔찍한 악몽이었다.[2]

이 내용은 1950년대에 유행했던 감성적인 교육용 비디오를 철저히 풍자한 것이다. 실제로는 아무도 아연 없는 세상에서 살기를 바라지 않는다. 나는 가장 좋아하는 원소로 아연을 꼽는 여성 한 명을 알고 있지만 사람들 대부분은 아연이 무엇인지 거의 알지 못한다.

이런 현실은 주기율표를 채우는 상당수의 원소에도 해당한다. 우리는 그 원소가 존재한다는 것은 알지만 어떤 역할을 하는지 생각해 본 적은 많지 않다. 신장에 문제가 있는 사람은 이온을 흡수하는 투석장치에 쓰이는 지르코늄zirconium에 감사해야 한다. 만일 여러분이 흡연자라면 라이터에 불을 붙이는 몇 안 되는 금속인 세륨에 빚을 지고 있다.

용접 작업자의 경우 프라세오디뮴praseodymium을 바른 고글을 착용해 노란색 빛을 차단한다. 만일 여러분이 태양광 패널 산업에 종사하고 있다면 다른 어떤 원소보다 햇빛을 잘 흡수하는 루테늄에 주목할 것이다.

사마륨samarium 없이는 여러분의 식사를 따뜻하게 데워주는 전자레인지가 작동하지 않는다. 학교에서 사용하는 만년필에는 이리듐으로 만든 펜촉이 붙어 있고, 유럽에서 유통되는 지폐에는 유로퓸europium이 스며들어 있어 위조 여부를 판별할 수 있다.

사람들은 취향에 따라 저마다 다른 원소를 좋아하지만, 일부 원소가 다른 원소보다 훨씬 중요한 역할을 한다는 주장도 충분히 펼칠 수 있다.

예를 들어 우리는 알루미늄이 셀레늄보다 가치 있다고 말할 수 있다. 알루미늄은 건설과 자동차 제조 산업에서 쓰이는 반면 셀레늄은 유리를 탈색하고 비듬을 제거하는 데 사용된다.

우리가 호흡하는 산소, 지구 중심부를 구성하는 철 등 진부한 선택지를 제외하면 인류의 문화, 정치, 기술 진화에 가장 핵심적인 역할을 한 원소는 무엇일까? 어떤 원소가 세상의 외형을 바꾸었고, 어떤 원소가 아무도 눈치채지 못할 정도로 암암리에 일상을 바꾸어 놓았을까?

핵심 원소들을 나열하는 작업은 까다로웠다. 하나의 원소를 선택하면 다른 중요한 원소를 빠뜨렸다는 생각이 불현듯 드는 까닭이었다. 모든 원소가 특별한 것이 문제였다. 아니, 원소 하나는 빼고.

명예로운 언급

원래 나는 12장에서 원소 톱 10 순위를 발표하려 했으나 마음을 바꿔 원소 아홉 개만 등장시키기로 했다. 상당히 특별하기에 언급할 만하지만 다른 원소들과는 잘 어울리지 않는 원소가 하나 있기 때문이다.

책을 집필하기 위해 연구하는 과정에서 나는 118가지 원소들에

얽힌 이야기와 특성을 배웠다. 화학사에 거대한 발자국을 남겼거나 독특한 성질이 특정 용도에 적합하다는 측면에서 모든 원소가 특별하다.

나는 이 책에서 원소 하나를 제외한 모든 원소의 이름을 한 번 이상 불러주었다. 제외된 하나는 세상에서 가장 쓸모없는 원소인 66번 디스프로슘dysprosium이다.

디스프로슘은 1886년 폴 에밀 르코크Paul-Émile Lecoq가 벽난로 장식 선반에서 발견하고 추출했는데 이 발견 장소는 적절해 보인다.[3] 디스프로슘은 장식용 원소인 것이 분명하기 때문이다. 이 원소에도 존재 목적이 있겠지만 그것을 아는 사람은 없다.

디스프로슘은 특별히 희소하지도, 흔하지도 않다. 물과 반응하지만 1족 금속과는 반응하지 않는다. 레이저를 제조할 때 사용할 수 있지만 헬륨이나 네온으로 만든 제품만큼 성능이 좋지 않다. 과열을 멈추는 기능이 있어서 핵 제어봉에 가끔 쓰이는데 인듐이나 카드뮴으로 같은 효과를 얻을 수 있다. 디스프로슘은 매번 다른 원소에 패배한다.

이 글을 읽으면서 입에 거품을 무는 디스프로슘 연구자가 분명 있을 것이다. 상당히 흥미로운 점은 디스프로슘이 어떤 분야에서도 독점적으로 쓰이지 않는다는 것이다.

따라서 나는 인류 역사에서 제거해버릴 수 있는 유일한 원소로 디스프로슘을 선정하기로 마음을 굳혔다. 좋다, 이제 핵심 원소 목록을 작성하자.

탄소

탄소는 핵심 원소 목록에 반드시 넣어야 한다. 탄소는 평범한 우리 일상에 너무나 중요하다. 방을 둘러보면 눈에 띄는 사물의 90퍼센트가 탄소로 구성되었거나 탄소에서 추출한 물질로 만들어졌거나 탄소로부터 에너지를 공급받는다. 이 원소는 인류 문명에서 특정 시대를 규정한다.

인류는 수십만 년 전부터 존재했지만 우리가 문명이라 부르는 시기는 금속을 다루면서 시작되었다. 인간 종족의 원시적인 유년 시절을 상징하는 석기시대 이후 청동기시대와 철기시대가 도래했다.

금속을 다루는 기술을 터득하기 전 인류는 금과 은을 제외하면 아는 금속이 없었으므로 암석으로 무기와 도구를 만들고 집을 지었다. 그러다가 기원전 8000년과 기원전 3000년 사이의 어느 시점에 온 세상이 바뀌었다.

자연에서 금속은 대부분 산소와 결합한 상태이지만 본래 산소는 금속보다 탄소와 잘 결합한다. 이는 우리가 충분한 양의 탄소를 금속산화물(암석)과 섞어서 전체적으로 에너지를 가하면(가열하면) 이산화탄소와 순수한 금속으로 변화한다는 것을 의미한다. 제련이라고 알려진 이 기술은 불 이후 인류에게 가장 중요한 화학반응이 되었다.

초기 제련 기술자들은 숯불과 함께 돌을 구우면 금속이 생성되는 현상을 발견했다. 먼저 구리와 주석을 추출해 청동을 만들었다. 그후 인류는 불을 더욱 뜨겁게 지피는 방법을 익힌 다음, 전에는 운석에서만 발견되었던 원소인 철을 추출하기 시작했다.

19세기에 이르러 사람들은 탄소를 연료로 태우는 연소기관을 가동했다. 탄소는 태워도 불쾌한 잔해를 남기지 않고, 눈에 보이지 않는 기체가 되어 사라진다는 측면에서 다른 연료보다 이롭다.

오늘날 우리는 여전히 석탄 발전소를 가동하고 있으며 여러분이 사용하는 전기도 탄소가 분해되며 나왔을 가능성이 크다. 이산화탄소가 적외선을 흡수하는 이상한 특성을 지닌 탓에 지난 수십 년간 지구 기온이 천천히 상승했다는 사실을 인류는 불과 60년 전에 처음 알았다.

긍정적인 측면에서 탄소는 고분자화학의 뼈대다. 탄소 원자로 구성된 긴 사슬에 정확한 숫자의 수소를 첨가한 다음, 그 원자 사슬을 엉키게 하면 플라스틱이 된다.

플라스틱이나 금속, 아니면 폭을 넓혀서 전기마저 없는 세상을 상상해보자. 탄소가 이렇게나 중요한 원소라는 사실을 깨닫는다.

탄소의 다재다능함은 주기율표상 위치에서 얻은 결과다. 맨 윗줄에 놓인 탄소는 크기가 작아 촘촘한 결합을 형성할 수 있다. 또한 네 번째 족에 속하므로 최외각 전자 네 개를 지녀 결합 네 개를 형성할 수 있다.

불소도 맨 윗줄을 차지하지만 바깥쪽 껍질에서 비워진 전자가 단 하나이므로 결합 하나를 생성하고 나면 더는 불가능하다. 탄소는 비워진 전자 자리가 네 개여서 다른 원자들과 결합 네 개를 형성할 수 있으며 그 결합 모두 단단하다.

결합 여러 개를 형성하는 다른 원소들은 견고한 결합을 이루기에는 원자 크기가 너무 크지만 탄소는 결합 개수와 단단함 둘 다 성적이 훌륭하다. 따라서 우리는 세포막부터 휴대폰에 이르기까지 모든 생물과 사물에서 탄소를 발견할 수 있다.

탄소는 우리가 사용할 물질과 그 물질을 조작할 능력을 주었으며 지금은 우리가 사는 지구 기후의 평형을 깨뜨릴 것이라 위협하는 중이다. 인류 역사의 흐름을 가장 크게 바꾸어 놓은 원소를 하나만 꼽는다면 그것은 탄소다.

주석

1800년대 초 영국 군대는 전 세계를 점령 중이었다. 나폴레옹 전쟁이 끝나가고, 노예제도가 사라지고, 대영제국 황금기가 가까워지고 있었다. 그런데 그 무자비한 영국 육군 및 해군 장교들에게 한 가지 고민이 있었다. 바로 식량 공급이었다. 제국은 식량 공급이 원활할 때 막강한 힘을 발휘한다. 식량 생산지에서 멀리 떨어진 곳에 사는 수천 명의 사람에게 어떻게 식량을 공급해야 할까?

이 문제의 답은 프랑스 발명가 필리프 드 지라르드Philippe de Girard가 내놓았다. 그는 주석 깡통에 음식을 진공 밀봉하는 방법을 고안했다. 지라르드가 발명한 기술은 몇몇 영국 과학자들에게 평가받은 뒤 통조림 기술 개선에 착수한 영국 엔지니어 브라이언 돈킨Bryan Donkin에게 팔렸다.

돈킨은 찰스 배비지Charles Babbage에게 차분기관difference engine 제조법을, 토머스 텔퍼드Tomas Telford에게 현수교suspension bridge 기술을 조언한 탁월한 기술자였다. 이들 발명품보다 보잘것없긴 하지만 펜을 발명하기도 했다. 존 라우드John Loud가 1888년에 펜을 발명했다고 알려져 있으나 이는 잘못된 정보다. 돈킨은 이미 1803년에 펜 관련 특허를 가지고 있었다.[4] 이제 펜의 역사를 바로잡도록 하자.

1813년 돈킨은 공기를 제거한 상태로 주석 깡통에 음식을 담아 밀봉하는 방법을 고안했다. 이 기술을 이용하면 음식을 몇 년간 보존할 수 있으며 거리와 상관없이 원하는 지역으로 운송할 수도 있다.

샬럿 여왕Queen Charlotte이 소고기 소금 절임corned beef 통조림을 시식하고 칭찬한 이후 돈킨은 통조림을 제조하여 해군에 판매했다. 통조림은 세계대전에 참전한 각국 군대를 먹여 살렸으며 오늘날 전 세계에서 매년 400억 개 넘게 팔리고 있다.[5] 현재 생산되는 통조림 깡통은 대부분 철로 만들지만 철을 주석으로 도금해 녹의 생성을 방지한다. 녹은 한번 생기면 돌이킬 수 없다.

주석을 특별하게 만드는 성질은 순수한 상태에서가 아니라 다른 금속과 섞어 '합금alloy'으로 만들었을 때 나타난다.

주석의 부드러운 특성을 활용하기 위해 구리와 섞어 청동으로 만든다. 납과 섞으면 백랍pewter이 되는데 이 합금으로 최근까지 포크, 나이프 등 식사용 도구를 만들었다. 백랍에 납을 좀 더 섞으면 전자제품을 만들 때 전선 연결에 사용하는 접착제인 땜납solder이 된다.

종을 만드는 데 사용하는 금속은 주석에 구리를 섞은 합금이다. 총을 제조할 때 쓰는 포금은 주석에 구리와 아연을 섞은 것이다. 지붕 재료로 쓰이는 테른terne도 주석에 납을 섞어 만든다. 볼베어링은 일반적으로 주석에 구리와 철을 혼합해 생산한다. 망원경에 쓰이는 합금 갈린스탄galinstan은 주석에 갈륨과 인듐을 넣어서 제조하며, 이 합금 목록은 계속 이어진다. 주석은 주기율표를 보완하는 위대한 원소다.

주석은 철만큼 폭넓게 쓰이지는 않으나 녹이 슬지 않는 명확한 장점이 있는 데다 쉽게 추출해 가공할 수 있다. 그 덕분에 부유한 귀족부터 하층민까지 누구나 사용할 수 있었다. 군대와 정치인들은 금을 소중히 여겼을지 모르지만 평범한 서민들은 언제나 주석과 함께 해 왔다.

금

금의 빛깔은 인류 역사를 통틀어 여러 문화권이 금을 숭배하도록 이끌었다. 일부 문화에서는 태양과 금을 연결했다(달은 은과 연결되었다). 금은 원자 오비탈 사이의 간격이 큰 까닭에 가시광선이 비치면 많은 에너지를 잃으면서 빛을 낸다. 보라색, 파란색, 녹색처럼 에너지가 큰 색상의 빛은 금속 표면으로 흡수되지만 노란색과 오렌지색은 튕겨 나간다. 세슘과 구리도 노란색 혹은 오렌지색으로 빛나지만 금에 견줄 만한 금속은 없다.

3장에서 보았듯이 금은 원자핵 발견에 꼭 필요한 물질이었으므로 현대 화학 그 자체였다. 금은 28그램만 있으면 에베레스트산 높이의 아홉 배만큼 늘릴 수 있다. 그만큼 부드럽고 가공이 잘된다는 이유

로 실험에 사용되었다.[6]

금은 연성이 뛰어날 뿐만 아니라 광택도 아름다워서 선사시대부터 장신구에 쓰였다. 오랜 시간이 지나도 색이 변하지 않았다. 다른 금속은 산소와 조금씩 반응해 빛을 잃지만 금은 영원히 빛날 것이다.

게다가 금은 매우 희소하다. 여러분이 세계에 매장된 금을 전부 모으면 17톤 정도 될 것이다. 이는 올림픽 규격의 수영장 세 개를 간신히 채우는 양이다.[7]

연성, 희소성, 영속성, 아름다움이 잘 조화된 금은 값어치가 높다. 금은 누구나 귀하게 여기므로 현지 관습에 상관없이 세계 어디서나 거래될 수 있다.

핀란드에서는 다람쥐 가죽이 돈으로 사용되었고, 에티오피아에서는 20세기까지 소금 덩어리가 거래 수단이었다.[8] 화폐는 나라마다 다르지만 금은 어디서나 숭배의 대상인 동시에 늘 존재했기 때문에 유일하게 국제통화가 될 수 있었다.

알렉산드로스 대왕은 그리스 군대를 이끌고 세계에서 가장 큰 제국인 페르시아를 정복하여 금을 훔쳤다. 서유럽에서는 율리우스 카이사르가 같은 행동을 했다. 스페인 페르디난트 왕도 그들과 마찬가지로 정복자들을 아메리카 대륙으로 보내면서 금을 약탈하라고 명령했다(그리고 우리는 이 이야기가 어떻게 진행되는지 안다).

최초의 금화는 기원전 6세기 중국에서 사용되었다. 세계의 거대 국가들(아이러니하게도 중국에서 멀리 떨어져 있는)은 1800년대까지 국내뿐 아니라 국제 거래에서도 금본위제를 유지했다.

그런데 희소성과 무게 탓에 실용성이 떨어지는 금 대신 은행들이 일정량의 금에 해당하는 계약서를 인쇄하기 시작했다. 이것이 현대적 화폐가 발명된 계기다.

납

몇몇 원소에는 상반된 특성이 있다. 이들은 세상에 무지막지한 혜택을 제공하지만 끝없는 고통의 원인이 되기도 한다. 이런 면에서 다른 어떠한 원소도 납만큼 인류에게 교훈을 남긴 동시에 많은 사람을 죽이지 못했다.

광물에서 추출한 납은 광택이 나지 않는 금속으로 세 가지 중요한 성질을 지닌다. 밀도가 높고, 가공이 쉬우며, 부식 저항성이 커서 물과 접촉해도 녹슬지 않는다.

로마인은 광산에서 대규모로 납을 채굴하여 수도관 건설에 썼다. 녹이 슬어 수도관에 적합하지 않은 철 대신 납이 매년 수천 톤씩 사용되었다. 로마식 수도 배관이 등장하기 전까지 수돗물이 사람 사는 집에 곧바로 공급된다는 개념은 검토된 적 없었다. 배관공plumber이라는 단어조차 납을 의미하는 라틴어 플럼범plumbum에서 유래했다. 배관 전문가가 곧 납 전문가였기 때문이다.

몇몇 사람들은 납 독성이 로마 제국의 쇠퇴와 멸망의 원인이라 추정한다.[9] 그러나 납중독은 이미 알려진 질병이었으며 일반적으로 물에는 위험한 수준까지 납이 용해되지 않는다. 따라서 실제로 그런 일이 발생한 것 같지는 않다.[10]

납으로 만든 거대한 통에 포도 주스를 끓여 마신 귀족 몇 명이 납중독에 걸렸을 가능성도 있지만 이것도 추측에 불과하다. 납이 로마 문명을 붕괴시켰을 확률은 낮지만 현재 매년 수백만 명이 납중독으로 사망하고 있다.

13세기 중국에서 화약으로 채운 좁은 관을 터뜨리면 총알이 빠른 속도로 발사된다는 것을 알아냈다. 총의 발명이다. 이 기술은 유럽 군대까지 확산되었으며 총알을 만들기에 가장 좋은 금속이 납인 것으로 판명되었다. 쉽게 구할 수 있고, 다루기 편할 뿐 아니라 밀도가 높아 한번 발사되면 계속해서 직선으로 날아가는 까닭이다. 총알이 날아가는 궤적을 유지할 정도로 밀도가 높은 동시에 가공성도 뛰어난 금속은 납 이외에 없다.

오늘날 세계에서 총알이 얼마나 많이 제조되는지 정확히 아는 사람은 없다. 추정하자면 아마도 일 년에 100억 개가 넘을 것이다. 전 세계 인구가 총알 한 발씩 쏴도 남는 양이다. 납탄총보다 더 많은 죽음을 불러온 무기는 떠올리기조차 힘들다.

그러나 납은 인류에게 놀라운 혜택을 선사했다. 1440년 요하네스 구텐베르크 Johannes Gutenberg는 사람들에게 정보를 신속하게 전달할 방법을 찾고 있었다. 그때까지 모든 책과 글은 손으로 베껴야 했다. 만약 그 일을 할 수 있는 기계가 갖추어진다면 몇 달이 아니라 며칠 만에 책을 제작할 수 있을 것이다.

구텐베르크는 납(실제로는 납에 주석을 조금 섞은 합금) 덕분에 인쇄기를 발명할 수 있었다. 납은 도구로 두드리면 모양이 쉽게 변하기 때문에 블록체 글자를 정확한 형태로 조각할 수 있다. 다른 금속도 성형은 가능하지만 납은 밀도가 높기 때문에 반복해서 두들겨 책장을 인쇄해도 닳아 없어지지 않는다.[11] 죽음을 초래하는 납의 특성이 한편으로는 지식 전달을 도왔다.

염소

현대에 들어서 인간의 수명이 늘었다. 분명 바람직한 변화다. 유일한 문제는 노화와 관련된 질병에 걸리기 쉬워진 것이다. 특히 암과 심장병 환자가 뚜렷하게 증가했다. 이로 인해 별것 아닌 일에 겁부터 먹는 사람들과 그 주위에서 공포 분위기를 조성하는 사람들이 늘어났다. GMO 식품부터 항암 치료제까지, 다양한 대상에 온갖 비난이 쏟아지지만 모든 것은 통계로 요약된다.

인간은 죽는다. 유감스러운 소식을 전해 미안하다. 우리의 몸은 연약하며 오래 살 수 있도록 만들어지지 않았다. 나이가 들수록 몸의 기능은 떨어지고, 암이나 심장병 같은 질병으로 사망할 확률은 올라간다. 노화와 관련된 질병으로 사망하는 사람들의 숫자가 뚜렷하게 증가하는 유일한 이유는, 그런 병으로 죽을 만큼 충분히 오래 사는 덕분이다. 노인성 질병은 인간의 몸만큼 오랜 시간 세상에 존재했다. 단지 사람들 다수가 질병에 걸리기 전에 죽음을 맞이했을 뿐이다.

죽음은 언제나 달갑지 않지만 나는 노화로 인한 질병이 기대수명 80세를 달성하면서 치르는 정당한 대가라고 말하고 싶다. 1800년대 중반 인간의 기대수명은 42세였다. 주로 어린아이들이 많이 죽어서 평균 수명이 낮았다.[12] 오늘날 우리가 더욱 길어진 기대수명을 누리게 된 이유는 간단하다. 글루텐 프리 식단이나 필라테스 수업과는 상관없다. 세계 1위 살인마를 제압했기 때문이다. 이제 인류는 더 이상 감염으로 목숨을 쉽게 잃지 않는다.

1340년대 수억 명의 사람들이 페스트균이 일으키는 급성 전염병인 가래톳페스트bubonic plague로 사망했다. 1817년부터 1917년 사이

약 3,800만 명이 콜레라로 죽었다.[13] 홍역과 천연두는 그 어떤 전쟁보다 더 많은 사람들의 생명을 앗아갔다. 소아마비와 말라리아 이야기는 너무 길어서 할 엄두가 나지 않으니 그냥 넘어가겠다.[14] 솔직히 말해 노환으로 사망하는 것은 감사해야 할 일이다. 그러나 사람들 대부분은 그렇게 운이 좋지 않다. 각종 질환으로 사망하는 사람이 많음에도 우리가 전염병 확산을 매년 겪지 않는 이유는 예방접종과 17번 원소 염소가 확산을 막는 덕분이다.

처음으로 염소를 널리 사용한 사람은 독일 화학자 프리츠 하버 Fritz Haber다. 그는 제1차 세계대전 당시 화학무기로 염소를 도입했다. 1915년 하버는 7킬로미터에 이르는 서부전선을 따라 금속 용기를 설치하는 과정을 감독했다. 바람이 원하는 방향으로 불자 그는 용기 뚜껑을 열라고 명령했다.

염소는 액체처럼 지면을 따라 퍼져나가는 밀도 높은 녹색 기체다. 바람을 타고 영국군 방향으로 흘러간 염소가 참호를 가득 채우자 수천 명의 병사가 질식하고 앞을 못 보게 되었다.

헤르만 루케 Hermann Lutke의 증언에 따르면, 1915년 5월 1일 간단하지만 효과적이었던 하버의 염소 공격을 기념하는 파티가 열렸다. 파티가 끝나고 몇 시간 지나지 않아 하버의 부인 클라라 Clara는 하버의 권총을 가져갔다. 그리고 정원에서 자신의 가슴을 향해 총을 쐈고, 잠시 후 아들의 품에 안겨 사망했다.[15] 그녀는 유명한 평화주의자였다.

염소는 생명체에 치명적으로 작용하므로 올바르게 다룬다면 수돗물에 숨어 있는 병원균을 죽이는 용도로 쓰일 수 있다.

영국 사람들은 하루 평균 약 340리터의 물을 사용하는데 질병 확산을 막으려면 수돗물이 깨끗하게 유지되어야 한다.[16] 변기 물에 해로운 성분이 들어 있으면 물을 내리는 도중 공기 중으로 비산할 수 있다. 따라서 변기 물 역시 마실 수 있을 만큼 깨끗해야 한다.

수도 처리법에는 염소 이외에도 오존 기체를 물에 불어 넣는 방식처럼 다양한 대안이 존재한다. 하지만 유럽의 모든 국가와 미국의 50개 주 전체가 염소 소독을 채택했다.

염소가 물에 녹으면 생성되는 차아염소산hypochlorous acid: HOCl은 생명에 치명적이다. 운 나쁘게 차아염소산 기체를 들이마신다면 여러분은 사망한다. 하지만 차아염소산을 물에서 없애는 방법은 간단하다. 일단 그 기체를 상수도에 주입하여 모든 미생물을 죽인 다음 물을 숯에 통과시키면 남은 차아염소산이 제거된다.

수돗물 불소 첨가는 논란을 일으켰으나(장기적인 연구가 끝나기 전에 시행되었다는 이유로) 염소 처리를 반대하는 사람은 아무도 없었다. 여러분이 현재 죽지 않고 살아남은 주된 이유는 염소다.

은

1717년 독일 화학자 요한 슐체Johann Schulze가 질산은silver nitrate이 담긴 병과 분필을 창문턱에 두자 변화가 일어났다. 병을 놔두고 한눈팔던 슐츠는 몇 분 뒤에 갈색으로 변한 질산은을 발견하고 충격을 받았다. 게다가 액체 질산은 표면은 색이 변하지 않은 채 하얀색 선으로 남아 있었다.[17]

그는 질산은 용액에서 어떠한 반응이 일어난 것인지 고민하며 창밖을 내다보았다. 그러자 병 내부에 그어진 하얀 선과 똑같은 줄이 창문 밖에 걸려 있는 것이 아닌가.

질산은에서 햇빛이 닿는 부분은 색이 어두워졌으나 무언가가 햇빛을 가린 부분은 하얀색으로 남았다. 슐츠는 최초로 사진을 찍은 것이었으며 그 사진은 액체였다. 앙리 베크렐의 방사능 발견을 생각하면 질산은 용기를 몇 번이나 방치한 뒤에 이 기념비적인 발견을 했는지 궁금하다.

은 원자는 용액 내에서 질산염과 결합하지만 약간의 에너지를 가하면 고체 은으로 분리된다. 눈부시게 반짝이는 고체 은 덩어리와 다르게 은 분말은 어두운 갈색을 띠어서 햇빛이 어느 부분에 부딪혔는지 정확히 가르쳐준다.

프랑스 발명가 조제프 니세포르 니엡스Joseph 'Nicéphore' Niépce는 종이에 은 화합물을 바르고 핀홀 카메라로 상을 맺히게 하면 흑백사진을 찍을 수 있음을 발견했다. 1892년 그는 이 기술을 활용해 자신의 침실 창문가에 카메라를 두고 여덟 시간 동안 노출시켰다. 그 결과 '그라의 창문에서 바라본 조망'이라는 세계 최초의 사진을 남겼다 (니엡스가 이 사진을 찍는 데 사용한 감광물질은 은 화합물이 아닌 역청bitumen이 었다 – 옮긴이).

적어도 공식적인 역사는 이렇다. 그런데 1777년 한 과학자는 이미 암모니아와 은 화합물을 이용해 카드 조각에 이미지를 남길 수 있음을 발견했다. 이 과학자는 그러한 현상이 일어나는 원인을 알아냈지만 후속 연구는 하지 않았으며 사진 발명가라는 타이틀을 스스로 거부했다. 이 인물은 다름 아닌 칼 셸레다.

그 후 100여 년이 지나는 동안 인류는 질산염보다 더 빠르게 반응하는 다른 은 화합물을 발견했다. 그리고 빛을 모으는 렌즈를 사용하여 특정 순간의 이미지를 남길 수 있게 되었다. 이제 우리는 정보 저장을 위해 말이나 글에 의존하지 않는다. 은이 사물의 실제 모습을 사진에 그대로 담아주는 덕분이다.

누가 사진 아이디어를 가져다 영화필름으로 만들었는지는 역사학자마다 의견이 엇갈린다. 최초의 필름 카메라 특허는 1876년 워즈워스 도니스토프Wordsworth Donisthorpe가 출원한 것으로 보인다.[18] 그가 필름을 사용해 런던 트래펄가 광장을 몇 초간 촬영한 이후 영화 산

업이 시작되었다. 이 산업은 원소 이름에서 유래한 '은막_{silver screen}'
이라는 별칭으로도 여전히 언급되고 있다.

컬러 사진도 은을 사용하지만 서로 다른 진동수의 빛에 반응하는
화학물질이 추가로 필요하다. 적색에 민감한 물질이 포함된 필름 표
면에 적색 빛이 닿으면 분말 은이 생성된다. 파란색에 민감한 물질
에 파란빛이 닿거나 녹색 빛에 민감한 물질에 녹색 빛이 닿은 경우
도 같은 현상이 발생한다.

그러한 과정을 통해 여러분은 붉은색이 어디에 위치해야 하는지
를 가르쳐주는 흑백사진을 확보하게 된다. 다른 사진은 파란색, 또
다른 사진은 녹색의 위치 정보를 준다. 각 색상 염료를 올바른 위치
와 순서로 쌓으면 여러분은 피사체를 컬러 사진으로 재현할 수 있다.

사진이나 영화가 워낙 흔해진 터라 그들이 존재하지 않았던 세상
은 이제 상상하기 어렵다. 우리는 믿을 만한 정보를 얻기 위해 사진
과 영화에 의존하고 있으며 은이 두 매체를 구현했다. 최근 컴퓨터
편집 기술이 발전하고 디지털카메라가 개발되면서 세상은 새로운
변화를 맞이했지만 '카메라는 거짓을 말하지 않는다'라는 진리는 여
전히 남아 있다.

우라늄

오랜 시간, 핵폭탄의 과학은 극비에 부쳐졌다. 노벨상을 수상한 화학자 라이너스 폴링Linus Pauling이 이 주제로 공개 강연을 한 적이 있다. 그러자 FBI 요원이 그의 사무실에 나타나 폭탄의 작동 방식을 완벽하게 파악한 경위를 물었다. 폴링은 다소 냉정하게 대답했다. "내게 알려준 사람은 아무도 없다네. 내가 알아냈지."[19] 요즘은 원자폭탄 구조가 잘 알려져 있는데 그것은 전부 우라늄과 관련되어 있다.

우라늄 원자핵은 일반적으로 양성자 92개와 중성자 146개, 총 238개 입자를 지닌다. 그런데 우라늄 원자의 약 0.7퍼센트는 중성자 143개를 지닌 우라늄-235로 존재한다. 이 양성자와 중성자 조합은 에너지적으로 불안해서 원자핵이 분열되며 중성자를 방출한다. 방출된 중성자가 날아가서 다른 우라늄 핵으로 흡수되면 그 우라늄 원자도 불안해지면서 또 다른 핵분열 반응이 일어난다.

우라늄 1킬로그램이 있다면 거기에 포함된 중성자 대부분은 금속 표면을 통해 달아날 수 있다. 하지만 임계질량이라 말하는 47킬로그램 정도로 우라늄 양이 늘어나면 중심부의 중성자가 빠져나가지 못한다. 그 결과 에너지가 쌓이고, 핵분열 반응이 증폭된 결과 핵폭발이 일어난다.

1945년까지는 금이 세계 정치를 지배했지만 그 이후는 우라늄이 금을 압도했다. 우라늄 47킬로그램만 있으면 전쟁을 끝내고 다시 새로운 전쟁을 일으킬 수 있다.

1945년 8월 6일 히로시마 상공에서 우라늄 폭탄이 터지며 8만 명이 넘는 사망자가 발생했다. 그리고 사흘 뒤 나가사키에 플루토늄 폭탄(우라늄이 출발 물질로 사용됨)이 투하되어 4만 명이 사망하고 제2차 세계대전이 종식되었다.

우라늄을 다루는 기술을 확보하면서 미국은 지구상 가장 강력한 국가가 되었다. 이런 성격의 권력은 도전 의식을 불러일으킨다. 히로시마와 나가사키에 폭탄이 떨어지고 4년 뒤, 구소련이 독자 개발한 핵 기술을 과시하면서 냉전 시대가 시작되었다. 이에 따라 20세기 기술, 문화, 경제 지형이 형성되었다.

오늘날 대부분의 핵무기는 플루토늄 기반으로 제조되지만 우라늄이 여전히 출발 물질로 사용된다. 우라늄을 손에 넣는 일은 어렵지 않다. 그릇 브랜드 피에스타Fiesta가 그릇 제조에 사용한 유약에도 우라늄이 들어 있었다(우습게도 미국 정부는 냉전 시대에 이 그릇 제품들을 몰수했다). 우라늄을 다루는 과정에서 까다로운 부분은 핵분열성 원자 0.7퍼센트를 추출하는 것이다.

이 글을 쓰는 현재 전 세계에서 총 9개국이 핵무기 기술을 보유하고 있으며 미국과 러시아의 비축량이 가장 많다. 정확한 탄두 숫자는 알려지지 않았으나 두 나라 각각 5,000개가 넘는 것으로 추정된다.[20] 이들 무기로 지구상 모든 생명체를 수백 번 넘게 제거할 수 있다. 핵무기 개발을 지휘한 물리학자는 로버트 오펜하이머Robert Oppenheimer였다. 그는 한 인터뷰에서 최초의 핵폭탄 실험 '트리니티Trinity'를 목격한 심정이 어떠냐는 질문을 받았다. 오펜하이머의 반응은 냉담했다.

우리는 세계가 이전과 같지 않으리라는 것을 깨달았다. 몇 명은 웃었고, 다른 몇 사람은 눈물을 흘렸다. 대다수는 침묵했다. 힌두교 경전에 등장하는 한 구절이 떠올랐다. 비슈누Vishnu는 왕자에게 자신의 의무를 다해야 한다고 설득하면서 왕자를 이해시키기 위해 팔이 여러 개 달린 몸으로 변신한 다음 말한다. "이제 나는 세계의 파괴자, 죽음이 되었다." 아마도 모든 사람이 그와 비슷한 생각을 했을 것이다. 어떤 식으로든.[21]

실리콘

실리콘은 주기율표에서 탄소 바로 아래 칸을 채우며 전자구조도 탄소와 유사하다. 유일한 차이점은 실리콘 원자가 탄소보다 더 크기 때문에 결합이 탄소만큼 단단하지 않다는 것이다.

실리콘은 다이아몬드와 비슷한 구조로 결정을 이루고, 플라스틱 분자 사슬에도 도입될 수 있다. 그중 가장 유명한 물질이 할리우드에서 일부 연예인들의 성공을 책임지는 실리콘 젤이다. 그러나 실리콘의 주요 용도는 여러분이 보유한 모든 전자기기의 핵심 부품에 있다.

19세기를 산업혁명과 내연기관이 대표한다면 20세기는 실리콘 혁명과 트랜지스터로 기억되어야 한다. 하지만 20세기의 두 발명품은 많은 사람이 들어보지 못했을 것이다.

1947년 월터 브래튼Walter Brattain과 윌리엄 쇼클리William Shockley, 존 바딘John Bardeen(노벨물리학상을 최초로 두 번 수상함)이 발명한 트랜지스터와 컴퓨터의 관계는 벽돌과 집에 비유할 수 있다. 트랜지스터는 스마트폰 안에 약 30억 개가 포함되어 있으며 노트북에는 스마트폰의 70배가 들어 있다.

트랜지스터의 역할은 전류 흐름을 통과시키거나 차단하는 것이다. 이 자체로는 평범하게 들리지만 충분한 수의 트랜지스터를 복잡한 패턴으로 연결하면 마이크로칩이 된다. 칩을 구성한 트랜지스터로 보내는 일련의 신호를 1 또는 0으로 프로그래밍하면 우리는 트랜지스터를 켜거나 끄면서 회로를 제어하고, 정보를 저장할 수 있다.

금속으로 트랜지스터를 만들면 전류가 항상 흐른다는 점이 문제다. 반대로 비금속으로는 언제나 전류가 흐르지 않는다. 따라서 원하는 시점에 전류를 흐르거나 흐르지 않게 만들려면 금속과 비금속 사이에 해당하는 원소가 필요하다. 거기에 실리콘이 들어간다.

실리콘 원자는 크기가 커서 자연에서는 모호하게 금속으로 분류되지만 원자 형태는 탄소나 붕소 같은 비금속과 닮았다. 이러한 혼종 특성이 실리콘을 반도체로 만들고, 실리콘 결정을 트랜지스터의 뼈대가 되게 한다.

게다가 실리콘은 유리의 주요 성분으로 우리가 인터넷을 하는 데 필요한 광섬유를 구성한다. 광섬유는 대부분 3M이라는 한 기업이 생산한다. 이 기업이 제조한 유리는 매우 투명해서 소금물 대신 그 유리로 바다를 채운다면 바닥까지 훤히 보일 것이다.

트랜지스터가 발명된 이후, 1950년대에 윌리엄 쇼클리는 스탠퍼드대학교 컴퓨터과학부와 함께 연구 활동을 지속하는 동시에 캘리포니아에서 사업도 시작했다.[22]

쇼클리가 트랜지스터를 발명하기 전까지 모든 컴퓨터는 기계식이었기 때문에 방 하나를 차지할 정도로 크기가 컸다. 여러분이 개인 컴퓨터를 소유하게 된 것은 실리콘 덕분이다.

실리콘에 대한 관심이 끓어오르자 지역 경제가 호황을 누렸다. 애플, 이베이, 페이스북, 구글, 인텔, 넷플릭스, 비자, 야후의 본사가 쇼클리의 이웃이 되었다. 이곳은 원래 샌프란시스코 남부 산타클라라밸리Santa Clara Valley라 불렸지만 오늘날은 이 지역을 구축한 원소에서 유래한 이름인 실리콘밸리Silicon Valley로 훨씬 유명하다.

실리콘은 과거라면 사람들이 도서관에 모여 앉아 며칠 밤을 지새 워야만 풀 수 있었던 계산을 수행한다. 아울러 디지털시계부터 휴대 폰에 이르는 모든 전자기기를 완벽하게 작동시킨다. 비록 원소 탄탈 룸tantalum과 함께 도덕적 딜레마에 빠져 있지만 말이다.

탄탈룸은 전기가 흐르면 진동하는 성질이 있어서 특히 휴대전화 에 요긴하게 쓰인다. 세계 탄탈룸 매장량의 70퍼센트는 콩고민주공 화국에 있으며 이 나라 경제 기반은 광업과 수출이다. 1994년부터 2002년까지 콩고에서 벌어진 내전은 제2차 세계대전 이후 가장 피 비린내 나는 분쟁이라고도 한다. 이때 탄탈룸 판매 수익이 전쟁 자 금으로 사용되었다.[23] 인류가 원소를 손에 넣는 과정에 때로는 비윤 리적 행위가 개입되기도 한다.

수소

1930년대에는 수소가 미래를 이끄는 원소가 되리라 전망했다. 수 소는 쉽게 얻을 수 있고, 운반하기 편리하며, 연소하면서 배출하는 유일한 부산물이 물이다. 수소는 상상할 수 있는 가장 깨끗하고 친 환경적인 연료다.

게다가 수소는 밀도가 낮아 물체를 공중에 띄우는 데 제격이다. 항공기는 날개를 공중에 띄우려면 빠른 속도로 달려야 하지만 수소 비행선은 아무런 외부 도움 없이 하늘을 날 수 있다. 헬륨은 반응성이 낮아 안전하지만 1925년 미국이 애머릴로Amarillo 국립헬륨저장고 National Helium Reserve에 헬륨을 비축하기 시작하면서 유럽 기관들은 확실한 대안인 수소로 눈을 돌렸다.

독일 정부는 수소를 동력원으로 활용하기 위해 특히 힘썼다. 독일은 1931년 세계에서 가장 큰 체펠린비행선이자 화학 및 항공공학의 경이로운 업적으로 남은 'LZ-129 힌덴부르크Hindenburg호'를 건조하기 시작했다.

그러나 힌덴부르크호는 1937년 5월 6일 레이크허스트Lakehurst 미해군 항공기지에 착륙하는 도중 불길에 휩싸였다. 화재가 어떻게 시작되었는지는 아무도 모르지만 30초도 되지 않아 20만 세제곱미터 규모의 수소가 남김없이 연소되었다.[24]

이 폭발은 카메라에 잡혔는데 언론인 허버트 모리슨Herbert Morrison 이 "오, 인류여!Oh the humanity!"라고 외치는 소리가 녹음된 영상이 상징으로 남았다. 이때 많은 사람이 수소가 폭발하면 어떻게 되는지 알게 되었고, 체펠린의 시대는 시작도 전에 끝났다.

1961년 소련이 차르 봄바를 폭파하면서 수십 년 만에 수소의 굉음이 세계에 울려 퍼졌다. 차르 봄바는 수소폭탄으로 오래전 개발한 우라늄 폭탄과는 그 차이가 명백했다. 차르 봄바 폭발로 64킬로미터 상공까지 치솟은 버섯구름과 비교하면 제2차 세계대전 말미에 투하된 원자폭탄은 불똥에 불과했다.

수소폭탄이 어떻게 작동하는지에 관한 정확하고 자세한 내용은 아직 기밀에 부쳐져 있다. 라이너스 폴링에게 일어났던 일을 생각하면 나는 수소폭탄을 폭넓게 탐구하고 싶지 않다.

그런데 수소폭탄의 기본 원리는 상당히 잘 알려져 있다. 아인슈타인이 고안한 방정식 $E = mc^2$는 원자를 분열시키면 에너지를 얻을 수 있음을 알려준다. 놀라운 점은 그 반응을 뒤집어 핵을 융합하면 훨씬 더 많은 에너지가 방출된다는 것이다(이유는 양자역학. 그 때문이다).

수소폭탄은 두 단계로 작동한다(고 생각한다). 첫째, 알려진 대로 우라늄 폭탄이 폭발하면 그 폭발에서 발생한 열이 수소 원자들을 융합시키면서 헬륨을 생성하는 작은 태양을 만든다. 이것이 차르 봄바 촬영 영상에서 드러난 무시무시한 파괴력이다.

힌덴부르크호가 폭발하던 끔찍한 광경과 결합하여 수소는 대중에게 두려운 원소로 각인되었다. 그러나 우리는 수소를 포기해서는 안 된다. 미래가 가까워짐에 따라 우리는 점점 수소에 의존하게 된다는 사실을 깨달을 것이다.

수소 융합에서 에너지가 한 번에 모두 방출되어야 하는 것은 아니다. 여러 개의 우라늄 봉을 서로 가까운 위치에 두어 폭발이 아니라 열을 이끌어내는 것처럼 수소 핵을 통제된 조건하에 두면 에너지 방출을 조절할 수 있다.

핵융합 기반 원자력발전소는 독성 폐기물이 발생하지 않고, 인류가 화석연료에 더는 의존하지 않게 해줄 것이다. 아울러 지구에 무한한 에너지를 제공하여 화석연료를 둘러싼 갈등을 종식시키고, 탄소 배출량 제로를 달성해 인간이 촉발한 기후변화를 멈출 것이다. 수소 융합은 인류가 모든 문제를 해결하는 데 필요한 만능열쇠일지 모른다. 다만 한 가지 사소한 문제가 남아 있다. 우리는 아직 핵융합을 잘 알지 못한다.

수소 원자를 융합하려면 원자들이 충돌할 정도로 빠르게 가열해야 한다. 그러려면 에너지가 필요한데 현재 인류가 만든 핵융합 원자로의 가동에 필요한 에너지는 발전으로 얻는 에너지보다 더 크다.

현재까지는 2013년 캘리포니아 국립점화장비실National Ignition Facility에서 의미 있는 핵융합 반응에 단 한 번 성공했을 뿐이다. 여기서 실제 이름이 오마르 허리케인Omar Hurricane인 과학자가 이끄는 연구팀이 수소 샘플을 레이저로 폭발시켜 융합했다. 핵융합 반응으로 투입량보다 더 많은 에너지를 생산한 사례는 허리케인과 그의 연구팀이 처음이자 마지막이다.[25] 이 실험은 아직 완벽하지 않고 전 세계로 전력을 공급하기에 발전량이 충분하지 않지만 가능성은 무궁무진하다.

수소는 그보다 훨씬 중요한 용도로 사용할 수 있다. 수소는 산소와 섞이면 매우 잘 타기 때문에 로켓연료로 쓰기에 아주 좋다. 우주로 발사하는 우주선 측면에 보이는 거대한 탱크에는 휘발유가 아니라 수소와 산소를 발생시키는 화학물질들로 가득 채워져 있다.

수소는 세상을 구하는 원소일 뿐만 아니라 우리가 지구를 완전히 떠날 수 있도록 도울 원소다. 머지않아 인류는 지구를 떠나야 할 것이다.

현재 우리는 지표면에서 거리낌 없이 원소를 채굴하는 황금시대에 살고 있지만 이 시대는 오래가지 못한다. 우리 행성이 소행성과 충돌해 소멸하지 않는 한 인류는 결국 지구가 베풀어준 자원을 전부 소비할 것이다.

생존을 원한다면 우리 종족은 다른 행성으로 이주해야 하므로 지구 밖으로 나가 탐험해야 한다. 이때 탑승할 우주행 급행열차를 운행하려면 인류에게는 수소가 필요하다.

마지막 생각

주기율표에 나열된 원소들은 저마다 이야기를 품고 있는데 그 이야기를 만들어나가는 주체는 인간이다. 그런 능력을 남용하지 않는 것이 우리의 임무다.

주기율표를 볼 때면 나는 짧은 시간 동안 인류가 어디까지 왔는지, 얼마나 많이 배웠는지를 알리는 이정표를 발견한다. 우리는 과학을 통해 우주를 이해하고, 자원을 도구 삼아 놀라운 일을 해낼 수 있다. 나는 진정으로 과학이 우리 종족을 구할 것이라 믿는다.

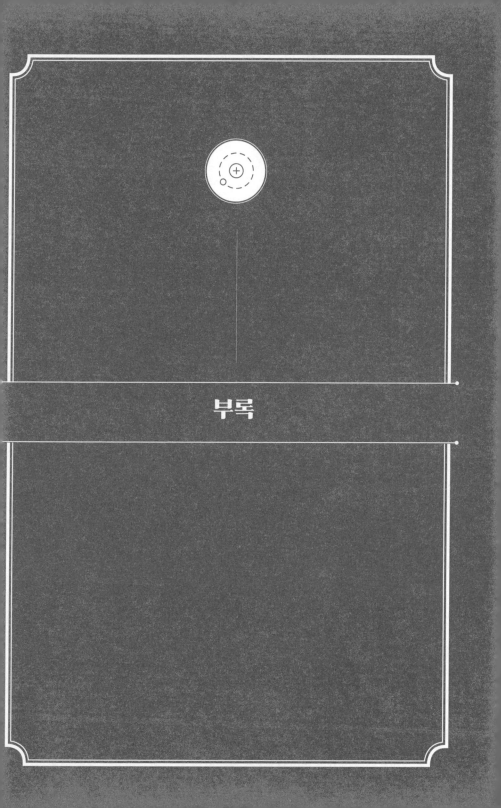

부록

I. 원소 이름의 규칙

원소 이름 붙이기는 해당 원소를 분리한 사람에게 주어지는 영광이다. 그런데 불운하게도 다른 사람들이 달가워하지 않는 이름을 짓는 경우 다툼이 일어날 수 있다.

1875년 프랑스 화학자 폴 에밀 르코크는 새롭게 발견한 원소에 프랑스를 의미하는 라틴어 갈리아Gallia에서 유래한 갈륨gallium이라는 이름을 붙였다. 그런데 시간이 얼마 지나지 않아 그는 조금 교활한 짓을 했다는 의심을 받았다. 라틴어 갈루스Gallus는 수탉을 의미하는데 프랑스어로 수탉은 르코르, 즉 과학자 본인의 이름이다. 르코크는 영리하게 원소 이름을 지어 자신의 이름을 길이길이 남겼다.

이 문제를 해결하기 위해 국제순수·응용화학연합(이하 IUPAC)은 새로운 원소 명명에 관한 엄격한 규칙을 세웠다. 원소는 다음의 단어에서 따온 이름만 붙일 수 있다.

1. 신화 속 인물(예: 토륨thorium, 노르웨이의 신 토르Thor)

2. 장소(예: 레늄rhenium, 라인Rhine강의 라틴어 이름 레누스Rhenus)

3. 원소 성질(예: 브로민bromine, 악취를 뜻하는 그리스어 브로모스bromos)

4. 원소를 추출한 광물(예: 사마륨samarium, 광물 사마스카이트samarskite)

5. 과학자의 이름(예: 뢴트게늄roentgenium, 엑스선을 발견한 빌헬름 뢴트겐

Wilhelm Röntgen)

IUPAC는 원소명이 제안되면 최대 5개월간 심의한 뒤 승인한다. IUPAC가 발표한 이름은 국제적으로 인정되며 주기율표에도 반영된다.

1990년 IUPAC가 원소 황sulfur의 이름 철자로 'ph'가 붙은 영국식 sulphur가 아닌 'f'가 붙은 미국식 sulfur를 승인했다. 많은 영국 화학자가 실망감을 나타냈지만 나는 이 책을 쓰면서 IUPAC의 결정에 따랐다.

분명 IUPAC에는 sulphur가 아니라 sulfur로 정할 충분한 권리가 있다. 게다가 sulphur의 어원은 알려져 있지 않으며 이와 다른 주장을 하는 사람은 잘못 아는 것이다. 황은 기원전 2세기 시인 엔니우스Ennius의 글에 최초로 기록되었는데 그는 황을 sulpureus라고 적었다. 그런데 sulfur(어원이 불분명함)는 다른 단어 swefel(이 또한 어원이 불분명함)에서 유래했을 가능성도 있다.

우리는 황이라는 명칭이 어디서 왔는지 모르기 때문에 sulfur보다 sulphur를 선호할 이유가 없다. 'ph'가 붙은 명칭을 고집하는 것은 단순히 영국의 자존심을 내세우는 문제가 아니라 합의된 국제 표준을 받아들이지 않는 행위다.

개인적으로 원소 이름을 소문자로 적어야 한다는 표기법이 상당히 마음에 들지 않기에 나는 내 마음대로 원소 이름을 대문자로 적고 싶지만 IUPAC에 협조해야 한다.

몇몇 사람들은 IUPAC가 알루미늄의 영국식 표기인 aluminium을 승인한 대가로 영국은 sulfur 표기에 따라야 한다고 말한다(알루미늄의 IUPAC 정식 명칭은 영국식인 aluminium이지만 미국에서는 주로 aluminum으로 표기한다 – 옮긴이). 그런데 알루미늄을 명명한 영국 과학자 험프리 데이비가 처음 붙였던 이름이 aluminum으로 미국식 철자가 본래 명칭이었다는 사실은 기억해두자.

II. 양성자 반쪽?

입자를 가까이 들여다볼수록 더 많은 하부구조가 발견된다. 원자는 전자와 핵으로 구성되어 있다. 핵은 양성자와 중성자로 쪼개진다. 이런 식으로 입자의 최하부 구조에 도달한다면 우리는 그것을 어떻게 눈치챌 수 있을까?

1960년대 이론물리학자들은 상향식 접근법보다 하향식 접근법을 취해야 할 때라고 말했다. 상향식 접근을 따른다면 우리는 어느 근본 입자에서 시작해 상부구조로 올라가야 할까? 양자장론quantum field theory이라 부르는 자연의 거대한 체계가 다양한 입자의 존재를 예측

한 뒤에 실제 그 입자들이 전부 발견된 것을 보면, 물리학자들이 제안한 접근법이 분명 옳다.

전자는 빛을 구성하는 광자와 마찬가지로 근본 입자다. 중성미자, 글루온, 힉스 보손과 같은 다른 여러 입자도 근본 입자 목록에 올랐으나 양성자와 중성자는 목록에 없다.

양성자와 중성자는 근본 입자가 아니며 이들은 세 개의 근본 입자로 구성되었다. 입자 세 개로 이루어진 양성자는 반으로 쪼갤 수 없다. 머리 겔만Murray Gell-Mann은 이들 세 입자를 쿼크quarks라고 명명했다.

그런데 양성자를 3분의 1로 자를 수 있다고 말하는 것도 옳지 않다. 양성자가 그렇게 되도록 허용하지 않는 까닭이다. 쿼크는 개별 입자로 존재하지 않으며 2인조 혹은 3인조로 활동한다.

여러분이 쿼크 세 개로 구성된 양성자를 3분의 1씩 쪼갠다면 마지막에는 쿼크 세 개가 아니라 여섯 개가 남아 있을 것이다. 이유는 양자역학, 그 때문이다.

따라서 양성자 3분의 1이라는 표현은 가능하지만 실제 그 3분의 1 입자를 가질 수는 없다. 게다가 쿼크는 절대 양성자 밖으로 나오지 않으므로 양성자가 근본 입자인 것처럼 이야기해도 무방하다. 입자들도 아마 그편이 낫다고 할 것이다!

III. 슈뢰딩거 방정식

슈뢰딩거 방정식은 입자가 어떤 상태인지를 완벽하게 설명한다. 우리는 입자가 특정 시점 혹은 우주의 어느 위치에서 어떤 행동을 하는지 궁금증을 가질 수 있다. 입자가 어떻게 회전하는지 또는 어떤 에너지와 관련되어 있는지 둘 중 하나만 알고 싶거나 둘 다 알고 싶을 수도 있다.

이는 슈뢰딩거 방정식이 다양한 형태로 존재하며 여러 표기 방식이 있음을 의미한다. 가장 간단한 형태는 시간 의존적 슈뢰딩거 방정식time-dependent Schrödinger equation이라 불리며 다음과 같이 표현한다.

$$H|\Psi\rangle = i\hbar \frac{\partial |\Psi\rangle}{\partial t}$$

i는 −1의 제곱근이다. 양수든 음수든 정규수normal number는 제곱하면 답으로 언제나 양수가 나온다. −2 × −2는 −4가 아니라 +4다. 이 결과는 −1이 제곱근을 갖지 못함을 의미하므로 제곱하면 음수를 도출하는 새로운 수 체계가 필요하다. 그런 숫자들을 허수라고 부른다. 허수를 알파벳 i로 표기하는 이유까지 이 시점에 설명하면 정신없겠지만 걱정하지 않아도 된다. 이는 단지 역사적 관습에서 온

것이며 별다른 이유는 없다. 슈뢰딩거 방정식에 이상한 수가 표기되어 불편하게 느껴질지 모른다. 허수가 현실에는 없는 속임수처럼 보이는 까닭이다. 하지만 자연은 인간이 평범하게 겪는 경험에서 벗어나는 행동을 하기 때문에 그러한 자연을 이해하려면 우리도 일상 경험 밖의 숫자를 사용해야 한다. 우리가 정규수만 사용하면 방정식은 현실과 일치하지 않는 답을 준다. 자연이 허수 i를 쓰는 것 같으니 우리도 자연의 방식을 따라야 한다.

H는 해밀턴Hamiltonian 연산자라 부르는데 우리가 알아내려는 총 에너지를 가리킨다. 여기에는 글자 하나로 적혀 있으나 이것은 약칭이다. 해밀턴 연산자를 전부 풀어쓰면 입자의 질량, 운동 에너지, 핵으로부터 떨어져 있는 거리(전위potential라고 부름) 등이 포함된 장황한 개념이다. 간단하게 말할 때의 해밀턴이란 입자가 지닌 에너지의 크기를 의미한다.

Ψ(psi)는 파동함수를 나타낸다. 파동함수는 다양한 대상을 지칭할 수 있지만 화학적 맥락에서는 파동 특성을 가진 입자가 특정 위치에 존재할 확률을 의미한다. 아무런 간섭을 받지 않는 상황에서 전자는 일정 공간을 차지하기보다 파동과 같은 특성을 나타낸다. 파동함수에는 이러한 전자 특성이 반영되어 있다.

|>는 케트 벡터ket vector라 한다. 이것을 일반적인 용어로 표현하면 기호 안에 들어 있는 어떤 대상의 상태다. 슈뢰딩거 방정식에서는

입자 파동함수의 상태를 의미한다. 이 방정식의 왼쪽 항은 파동함수 상태의 총 에너지를 계산한다는 의미다.

$\hbar$는 플랑크상수라 부르며 값은 1.055×10^{-34}Js joule-second(초당 줄)이다. 이 숫자는 입자의 에너지가 진동수와 관련되어 있다는 우주 보편적 특성을 의미한다. 진동수란 입자가 1초당 진동한 횟수로 움직이는 모든 입자는 파동의 성질을 지니기에 우리는 둘을 연결할 개념이 필요하다. 입자의 에너지를 진동수로 나누면 h라는 값이 도출되는데 SI 단위로 표기하면 6.626×10^{-34}Js다. 플랑크상수 $\hbar$는 h를 2π로 나눈 값이다. 진동수를 구하는 과정에 사용하는 값인 2π를 플랑크상수에 포함시키면 방정식이 더욱 깔끔해지므로 $\hbar$ 상수를 사용한다.

∂는 편미분 기호다. 이것은 다양한 변화가 동시다발적으로 발생하는 상황에서 오직 한 가지에만 집중하고 싶을 때 우리에게 그 하나의 상황 변화를 측정하라고 지시하는 기호다. 언급된 방정식에서 $\partial / \partial t$는 t(시간)의 변화에 따라 관측 대상이 어떻게 변화하는지 비교하라고 지시한다.

따라서 전체 방정식이 우리에게 주는 메시지는 특정 상태의 입자가 가지는 총 에너지(왼쪽 항)를 알아낼 수 있다면 시간에 따라 그 입자의 거동이 어떻게 변화하는지 알 수 있다(오른쪽 항)는 것이다.

전자가 가진 에너지를 알면 어느 시점에 어느 위치에서 전자가 나타날지 예측할 수 있다. 삼차원 공간을 대상으로 이를 계산하면 최종적으로 전자가 원자핵 주위에서 나타날 확률이 높은 구역인 오비탈에 관해 설명할 수 있다.

IV. 중성자가 양성자로

부록 II에서 살펴본 근본 입자 쿼크는 종잡을 수 없는 존재다. 쿼크에는 여러 종류가 있으며 이들 모두 전하를 띤다. 양성자와 중성자를 구성하는 쿼크들의 전하를 합치면 곧 양성자와 중성자의 전하가 된다.

위 쿼크는 전하가 +2/3, 아래 쿼크는 전하가 −1/3이다. 위 쿼크 두 개와 아래 쿼크 한 개가 모이면 세 쿼크의 전하를 합쳐 총 전하 +1인 양성자가 된다. 그런데 위 쿼크 한 개와 아래 쿼크 두 개가 모이면 세 쿼크의 전하는 상쇄되고, 총 전하 0인 중성자가 된다.

그런데 쿼크는 한 형태로 계속 남지 않는다. 위 쿼크는 아래 쿼크로 변할 수 있고, 그 반대도 마찬가지로 가능하다. 중성자는 udd(위, 아래, 아래) 조합인데 아래 쿼크 가운데 하나가 위 쿼크로 바뀌면 uud(위, 위, 아래)인 양성자가 된다. 입자 내부의 쿼크가 중성자를 뒤집어 양성자로 만드는 것이다.

이러한 현상은 입자 총 전하량을 변화시키기 때문에 어떠한 이유든 우주에 일어나서는 안 된다. 우주는 이 같은 전하 불균형을 일으키기보다 입자를 섞어서 총 전하를 중성으로 유지하는 편을 선호한다.

전하가 $-1/3$인 아래 쿼크의 특성이 바뀌면 W^- 보손boson이라는 입자가 방출된다. 이 입자가 아래 쿼크에게서 전하 -1을 빼앗아 최종적으로 전하 $+2/3$가 남는다.

W^-는 전하를 유지하는 전자, 그리고 반중성미자라는 입자로 빠르게 분열된다. 중성자가 양성자가 되는 전체 과정을 이보다 더 간단하게 설명하는 방법은 없다.

V. pH와 pK_a

pH 척도에 대해 들어본 적이 있을 것이다. 어떤 물질의 산성도가 증가할수록 pH 값은 낮아진다. 산성 물질은 pH 값이 7보다 낮고, 산성이 아닌 물질은 pH 값이 8 이상이다. pH가 도입된 이유는 일반적으로 산성도를 계산할 때 다루는 숫자가 극도로 작기 때문이다.

1리터 병 2개에 각각 양성자 1×10^5개, 1×10^4개가 들어 있다고 가정하자. 첫 번째 병에 양성자 10만 개, 두 번째 병에는 1만 개가 담긴 것이다. 분명 첫 번째 병에는 두 번째 병보다 양성자가 10배 더 많이 들었으나 둘 다 그 숫자가 상당히 크다. 그래서 우리는 로그 법칙의 도움을 받는다.

로그는 특정 결과를 얻기 위해 거듭제곱하는 횟수다. 숫자 3을 네 번 거듭제곱했다고 치자. 이는 $3 \times 3 \times 3 \times 3$, 혹은 단순하게 3^4으로 적을 것이다. 이 연산의 답은 81이다.

그런데 여러분이 이 계산을 반대로 하기를 원한다고 가정하자. 81이 되려면 3을 몇 번 곱해야 하는지 구하려 한다. 그럴 때는 다음과 같이 식을 작성한다.

$$\text{Log}_3 81 = 4$$

다르게 표현하면 3을 81로 만들려면 몇 승을 해야 하는가다. 답은 4다.

앞서 언급한 사례에서 우리는 양성자 10만 개가 포함된 용액을 준비했다. 이것을 로그로 표현하면 다음과 같다.

$$\text{Log}_{10} 100,000 = 5$$

5가 사용하기 훨씬 편리한 숫자이므로 이 산성용액은 '5 용액'이라고 지칭하는 편이 낫다. 이 숫자는 우리에게 산 농도를 직접 가르쳐주지는 않지만 다루는 숫자의 자릿수를 알려준다.

'5 용액'보다 10배 희석된 용액을 '4 용액'이라 한다. 이 방식은 유용하다. 1,000,000,000,000,000,000와 같은 어마어마한 농도를 다룰 때 숫자 전체를 쓰는 대신 '18 용액'이라 부르면 훨씬 간단하기 때문이다.

그런데 pH 척도는 +, -가 왜 뒤집혀 있을까? 답은 대부분의 산성용액, 심지어 매우 진한 산성용액도 리터당 아주 적은 수의 양성자를 포함하는 까닭이다.

여러분이 흔히 접하는 산성용액에 포함된 양성자 수는 0.000001부터 0.1 사이 어딘가에 해당한다. 그래서 보통 지수가 음의 정수인 숫자로 로그 계산을 하게 된다. 이번 경우는 10^{-6}부터 10^{-1}이다.

덴마크 화학자 쇠렌 쇠렌센Søren Sørensen은 산 농도를 표기할 때 음의 로그를 사용하자고 제안했는데 단순히 보기에 좋다는 이유였다. 앞에서 언급한 농도 범위 중 농도가 연한 용액은 다음 값으로 계산된다.

$$-\text{Log}_{10}\ 0.000001 = 6$$

농도가 진한 용액은 다음과 같다.

$$-\text{Log}_{10}\ 0.1\ =\ 1$$

쇠렌센은 숫자의 음수 로그 값을 가리켜 그 수의 포텐츠potenz라 불렀다. 이는 '숫자를 10씩 증가시키는 힘'을 의미한다. 따라서 우리는 pH를 다음과 같이 정의한다.

$$pH\ =\ -\text{Log}_{10}\ \text{(용매 1리터 내 포함된 수소이온 농도)}$$

이 척도에서 대부분의 산성용액은 pH 값이 1에서 6 사이에 들어가지만 값은 어느 방향으로든 증가할 수 있다. 양성자 농도가 1인 용액은 pH = 0, 농도가 10인 용액은 pH = −1이다.

pK_a는 pH와 정확히 같은 방식으로 작동하며 동일한 체계를 사용한다. 그런데 pH가 수소 양성자 농도를 측정하는 반면 pK_a는 산의 세기, 즉 산성 물질이 양성자를 용액에서 방출하는 힘이 얼마나 강한지를 측정한다. 이것을 표현하는 가장 좋은 방법은 본래 산성 물질에서 양성자가 해리된 비율을 말하는 것이다.

100개의 산성 분자가 있고, 여기서 분자 하나만 해리된다고 가정하자. 우리는 이 산의 세기가 1퍼센트라 말할 것이다. 여기서 우리는 산의 세기를 Ka라고 부르는 분수로 표현한다. 그리고 한 번 더 언급하자면 일반적으로 이 값은 극히 작다.

산성 분자에서 해리되는 양성자는 극소량이므로 우리는 지수가 음의 정수인 Ka 값을 얻는다. 결론적으로 Ka(산성이 얼마나 강한지)의 음수 로그 값을 계산하여 pK_a를 구한다.

VI. 주기율표의 족

주기율표의 가로줄을 따라 왼쪽에서 오른쪽으로 가다 보면 몇몇 족에 지어진 역사적으로 유명한 이름을 발견할 수 있다. 3족부터 10족까지는 표의 상단을 차지하는 원소에서 유래한 이름, 예를 들어 10족에는 '니켈족'이라는 명칭이 붙었다. 그 외 다른 족에는 비격식 명칭이 지어졌다. 그 명칭은 다음과 같다.

1족 알칼리 금속Alkali metals

2족 알칼리 토금속Alkaline earth metals

3족 스칸듐족Scandium group

4족 티타늄족Titanium group

5족 바나듐족Vanadium group

6족 크로뮴족Chromium group

7족 망가니즈족Manganese group

8족 철족Iron group

9족 코발트족Cobalt group

10족 니켈족Nickel group

11족 화폐 금속Coinage metals

12족 휘발성 금속Volatile metals

13족 아이코사겐Icosagens 또는 붕소족

14족 크리스털로겐Crystallogens 또는 탄소족

15족 닉토겐Pnictogens 또는 질소족

16족 칼코겐Chalcogens 또는 산소족

17족 할로겐Halogens

18족 비활성기체 또는 귀족기체Noble gases

감사의 말

책을 쓰면서 알게 된 사실이 하나 있다. 비록 표지에는 나 한 사람의 이름만 오르지만 여러분이 읽은 이 책은 여러 사람이 마음을 모아 협력한 결과다. 집필에 도움을 주신 분들께 이 자리를 빌려 감사드린다.

무엇보다도 내게 매일 아침 일어나야 할 이유를 제공하며 모든 일이 순조롭게 출발하도록 도와준 노스게이트 고등학교 학생들에게 감사의 마음을 전한다.

작가로서 여러모로 서툰 내게 기회를 주고, 내가 까다롭게 굴 때는 너그럽게 대해주고, 과학보다도 훨씬 복잡한 출판과 마케팅이라는 세계로 나를 인도해준 에이전트 젠 크리스티Jen Christie에게 진심으로 감사드린다.

내가 꿈꿔온 일이 빠르게 실현될 수 있도록 도와준 출판그룹 리틀브라운Little, Brown Book의 덩컨 프라우드풋Duncan Proudfoot에게도 고마운 마음을 보낸다.

책의 내용 측면에서는 엘라 캐서럴Ella Catherall에게 가장 큰 감사의 말을 전한다. 캐서럴은 모든 페이지를 편집하고, 내용이 과학적으로 옳은지 검토하여 수많은 오류를 모두 바로잡아주었다. 이 책 내용이 만족스럽다면 그것은 캐서럴 덕분이다.

내가 교사로 일하는 동안 인내심을 갖고 도와준 노스게이트 고등학교 과학부 직원들 모두에게 감사드린다(직원이 20명이나 되어 한 명 한 명 이름을 나열할 수 없다는 점 양해 부탁드린다). 이들과 함께 일한다는 것은 특권이다. 특히 내게 조언과 격려와 지지를 아낌없이 보내는 헤이즐Hazel과 데이비드David에게 특별히 고맙다고 말하고 싶다.

내게 과학자답게 생각하고 글 쓰는 법을 가르쳐준 탁월한 과학자 세이시 시미즈Seishi Shimizu께 감사드린다. 훌륭한 멘토인 시미즈 교수의 제자가 될 수 있어 영광이었다.

원고를 읽고 비평해준 칼 딕슨Karl Dixon에게도 감사 인사를 전한다. 그는 내가 힘들어할 때 웃음을 주었고, 오랜 시간 내 안의 왓슨에게 셜록 홈즈가 되어주었다.

내게 언제나 놀라움을 안겨주는 만달린 킹Mandalyn King에게도 감사드린다. 그녀는 지식도 풍부하지만 좋은 의견을 낸다는 점에서 더욱 존경할 만하다.

어린 시절부터 내게 많은 가르침을 주신 에번스Evans 선생님, 그리고 내가 진정한 자아를 찾을 수 있도록 도와준 존 밀러John Miller에게 감사하다고 말씀드리고 싶다.

세상에서 가장 인내심 많은 사람인 아내에게도 고마움을 전한다. 책 집필에 오랜 시간을 보내도 이해해줘서 정말 고맙다.

마지막으로 질문의 중요성을 깨우쳐주시고, 내가 과학자로 살아 가도록 이끌어주신 아버지께 감사드린다.

주

머리말

1) R. W. Sterner, J. J. Elser, *Ecological Stoichiometry: The Biology of Elements from Molecules to the Biosphere* (Princeton, NJ: Princeton University Press, 2002).

1장

1) H. Krug, O. Ruff, 'Uber ein neues chlorfuorid ClF_3', *Zeitschrift für anorganische und allgemeine Chemie*, vol. 190, no. 1 (1930), pp. 270 – 76.1.

2) 'Compound summary for CID 24627', *Open Chemistry Database*. Available from: https://pubchem.ncbi.nlm.nih.gov/compound/chlorine_trifluoride#section=Top (accessed 18 August 2017).

3) J. D. Clark, *Ignition! An Informal History of Rocket Propellants* (New Brunswick, NJ: Rutgers University Press, 1972).

4) 'Eastern Germany 2004', *Bunker Tours*. Available from: http://www.bunkertours. co.uk/germany_2004.htm (accessed 18 August 2017).

5) Diogenes Laertius, *The Lives and Opinions of Eminent Philosophers, Vol. II, Books 6–10*, trans. R. D. Hicks (Cambridge, MA: Harvard University Press, 1925).

6) 'Protactinium', *Encyclopedia*. Available from: http://www.encyclopedia.com/science-and-technology/chemistry/compounds-and-elements/protactinium (accessed 18 August 2017).

7) J. Emsley, *The Shocking History of Phosphorus: A Biography of the Devil's Element* (London: Macmillan, 2000).

8) H. M. Leicester, H. S. Klickstein, *A Source Book in Chemistry 1400–1900* (Cambridge, MA: Harvard University Press, 1952).

9) H. Muir, *Eureka:Science's Greatest Thinkers and Their Key Breakthroughs* (London:Quercus, 2012).

10) Muir, *Eureka*.

11) M. Sędziwój, 'Letters of Michael Sendivogius to the RoseyCrusianSociety', Epistle 54 (12 January 1647), *The Masonic High Council the Mother High Council*. Available from: http://rgle.org.uk/Letters_Sendivogius.htm (accessed 8 October 2017).

12) I. Asimov, *Breakthroughs in Science* (Boston, MA: Houghton Mifflin, 1960).

13) R. Harré, *Great Scientific Experiments:Twenty Experiments that Changed Our View of the World* (Oxford: Phaidon, 1981).

14) I. Asimov, *Words of Science* (London: Harrap, 1974).

15) Isaiah 54:11.

16) 'Periodic table – lithium', *Royal Society of Chemistry*. Available from: http://www.rsc.org/periodic-table/element/3/lithium (accessed 18 August 2017).

17) B. C. Gibb, 'Hard-luck Scheele', *Nature Chemistry*, vol. 7 (2015), pp. 855–6.

18) Leicester and Klickstein, *A Source Book in Chemistry*.

2장

1) *The Core* (2003), dir. Jon Amiel, Paramount Pictures.

2) T. Irifune et al., 'Ultrahard polycrystalline diamond from graphite', *Nature*, vol. 421

(2003), pp. 599 – 600.

3) David Robson, 'How to make a diamond from scratch with peanut butter', *BBC* (7 November 2014). Available from: http://www.bbc.com/future/story/20141106-the-man-who-makes-diamonds (accessed 18 August 2017).

4) B. Russell, *History of Western Philosophy* (Oxford: Routledge Classics, 2004). (한국어판: 《러셀 서양철학사》, 을유문화사, 2019년)

5) D. Hurd, J. Kipling, *The Origins and Growth of Physical Science* (London: Penguin, 1958).

6) J. Dalton, *A New System of Chemical Philosophy* (London: R. Bickerstaff, 1808).

7) W. L. Masterson, C. N. Hurley, *Chemistry: Principles and Reactions* (Boston, MA: Cengage Learning, 2012). (한국어판: 《(마스터톤의) 일반화학》, 센게이지러닝코리아, 2018)

8) R. Harré, *Great Scientific Experiments: Twenty Experiments that Changed Our View of the World* (Oxford: Phaidon, 1981).

9) A. Einstein, 'Über die von der molekularkinetischen Theorie der Wärme geforderte Bewegung von in ruhenden Flüssigkeiten suspendierten Teilchen', *Annalen der Physik*, vol. 322 (1905), pp. 549 – 60.

3장

1) 'A Boy and His Atom: The World's Smallest Movie', *IBM Research*. Available from: http://www.research.ibm.com/articles/madewithatoms.shtml (accessed 18 August 2017).

2) E. T. Whittaker, *A History of Theories of the Aether and Electricity* (Harlow: Longman, Green & Co, 1951).

3) E. Rutherford, *Nobel Lectures: Chemistry 1901–1921* (Amsterdam: Elsevier Publishing, 1966).

4) H. C. von Bayer, *Taming the Atom: The Emergence of the Visible Microworld* (New York: Random House, 1992).

5) R. W. Chabay, B. A. Sherwood, *Matter & Interactions*, third edition (Hoboken, NJ: Wiley, 2002).

6) *Man of Steel* (2013), dir. Zak Snyder, Warner Bros.

7) H. P. Lovecraft, *The Dunwich Horror and Other Stories* (London: Pocket Penguin Classics, 2010).

8) *Superman Returns* (2006), dir. Bryan Singer, Warner Bros; P. S. Whitfield et al., 'LiNaSiB$_3$O$_7$(OH) - novel structure of the new borosilicate mineral jadarite determined from laboratory powder diffraction data', *Acta Crystallographica Section B*, vol. 63, no. 3 (2007), pp. 396 - 401.

4장

1) 'The coldest place in the world', *NASA* (10 December 2013). Available from: https://science.nasa.gov/science-news/science-at-nasa/2013/09dec_coldspot (accessed 18 August 2017).

2) R. Sahai et al., 'The coldest place in the Universe: Probing the ultra-cold outflow and dusty disk in the Boomerang Nebula', *The Astrophysical Journal*, vol. 841, no. 2 (2017).

3) J. W. Park et al., 'Ultracold dipolar gas of fermionic Na23K40 molecules in their absolute ground state', *Physical Review Letters*, vol. 114 (2015).

4) Plato, *Theaetetus*, trans. J. McDowell (Oxford: Oxford University Press, 1999). (한국어판: 《테아이테토스》, 이제이북스, 2013)

5) B. Russell, *History of Western Philosophy* (Oxford: Routledge Classics, 2004). (한국어판: 《러셀 서양철학사》, 을유문화사, 2019)

6) G. Dixon, P. Parsons, *The Periodic Table: A Field Guide to the Elements* (London: Quercus, 2013).

7) H. Aldersey-Williams, *Periodic Tales: The Curious Lives of the Elements* (London: Viking, 2011). (한국어판: 《원소의 세계사: 주기율표에 숨겨진 기상천외하고 유쾌한 비밀

들》, 알에이치코리아, 2013)

8) C. Payne-Gaposchkin, *Cecilia Payne-Gaposchkin: An Autobiography and Other Recollections* (Cambridge: Cambridge University Press, 1996).

9) 'Cecilia Payne-Gaposchkin', *Encylopædia Britannica*. Available from: https://www. britannica.com/biography/Cecilia-Payne-Gaposchkin (accessed 18 August 2017).

10) 'The early universe', CERN. Available from: https://home.cern/about/physics/early-universe (accessed 18 August 2017).

5장

1) 'The Scoville Unit', *Jalapeño Madness*. Available from: http://www.jalapenomadness. com/jalapeno_scoville_units.html (accessed 18 August 2017).

2) '"World's hottest" chilli pepper grown in St Asaph', *BBC News* (17 May 2017). Available from: http://www.bbc.com/news/uk-wales-north-east-wales-39946962 (accessed 18 August 2017).

3) A. Szallasi, P. M. Blumberg, 'Resiniferatoxin, a phorbol-related diterpene, acts as an ultrapotent analog of capsaicin, the irritant constituent in red pepper', *Neuroscience*, vol. 30, no. 2 (1989), pp. 515 – 20.

4) 'How we taste', *Technology Review* (April 2004). Available from: https://www.heise.de/ tr/artikel/Wie-wir-schmecken-404206.html (accessed 18 August 2017).

5) 'Vantablack', *Surrey Nanosystems*. Available from: https://www.surreynanosystems. com/vantablack (accessed 18 August 2017).

6) J. Clayden, N. Greeves, S. Warren, *Organic Chemistry*, second edition (Oxford: Oxford University Press, 2012); '4 workers killed at DuPont Chemical plant', *Scientific American* (18 November 2014). Available from: https://www.scientificamerican.com/ article/4-7. workers-killed-at-dupont-chemical-plant (accessed 18 August 2017).

7) B. Russell, *History of Western Philosophy* (Oxford: Routledge Classics, 2004). (한국어판:

《러셀 서양철학사》, 을유문화사, 2019)

8) B. Pennington, 'The death of Pythagoras', *Philosophy Now*, no. 121 (2017).

9) Russell, *History of Western Philosophy*. (한국어판: 《러셀 서양철학사》, 을유문화사, 2019)

10) A. Lavoisier, *Traite Elementaire de Chemie* (Paris: Cuchet, 1789).

11) E. Scerri, *The Periodic Table: Its Story and Its Significance* (Oxford: Oxford University Press, 2006). (한국어판: 《주기율표》, 교유서가, 2019)

12) E. Scerri, *The Periodic Table: A Very Short Introduction* (Oxford: Oxford University Press, 2011).

13) J. E. Jorpes, *Jac. Berzelius: His Life and Work* (Stockholm: Royal Swedish Academy of Science, 1966).

14) J. A. R. Newlands, *On the Discovery of the Periodic Law: and On Relations of the Atomic Weights* (London: E & F. N. Spon, 1884).

15) M. D. Gordin, *A Well-Ordered Thing: Dmitrii Mendeleev and the Shadow of the Periodic Table* (New York: Basic Books, 2004).

16) 'Periodic Law', *Mendeleev*. Available from: http://www.mendeleev.nw.ru/period_law/ver_trif.html (accessed 18 August 2017).

6장

1) A. Werner, 'Beitrag zum Ausbau des periodischen systems', *Berichte der deutschen chemischen Geselkchaft*, vol. 38 (1905), pp. 914 – 21.

2) G. Seaborg, 'Priestley Medal Address – The Periodic Table: Tortuous Path to Man-Made Elements' (16 April 1979), reprinted in G. Seaborg, *Modern Alchemy: Selected Papers of Glenn Seaborg Vol. 2* (Singapore: World Scientific Publishing Co, 1994).

3) H. E. White, *Introduction to Atomic Spectra* (New York: McGraw-Hill, 1934).

4) E. H. Riesenfeld, *Practical Inorganic Chemistry*, reprint of the 1943 edition (Barcelona:

Labour, 1950).

5) Seaborg, 'Priestley Medal Address'.

7장

1) T. M. Klapötke et al., 'New azidotetrazoles: Structurally interesting and extremely sensitive', *Chemistry—An Asian Journal*, vol. 7, no. 1 (2012), pp. 214 – 24.

2) 'Alfred Nobel', *Encylopædia Britannica*. Available from: https://www.britannica.com/biography/Alfred-Nobel (accessed 18 August 2017); E. J. Sirleaf, 'Alfred Nobel's legacy to women', *New York Times* (12 December 2011).

3) 'Alfred Nobel's fortune', *Nobel Peace Prize*. Available from: https://www.nobelpeaceprize.org/History/Alfred-Nobel-s-fortune (accessed 18 August 2017).

4) J. Janes, *Documents which Changed the Way We Live* (Lanham, MD: Rowman & Littlefield, 2017).

5) K. Fant, *Alfred Nobel: A Biography* (New York: Arcade Publishing, 2014).

8장

1) 'Sotheby's sells record $71 million diamond to Chow Tai Fook', *Bloomberg* (4 April 2017). Available from: https://www.bloomberg.com/news/articles/2017-04-04/sotheby-s-sets-world-record-selling-71-million-pink-diamond (accessed 18 August 2017).

2) R. Kurin, *Hope Diamond: The Legendary History of a Cursed Gem* (New York: Harper Collins, 2007).

3) 'Plutonium certified reference materials price list', *US Department of Energy — Office of Science*. Available from: https://science.energy.gov/nbl/certified-reference-materials/prices-and-certificates/plutonium-certified-reference-materials-price-list (accessed 18 August 2017).

4) 'Californium price', *Metalary*. Available from: https://www.metalary.com/californium-price (accessed 18 August 2017).

5) G. D. Hedesan, *An Alchemical Quest for Universal Knowledge: The Christian Philosophy of Jan Baptist Van Helmont 1579–1644* (Oxford: Routledge, 2016).

6) R. Patai, *The Jewish Alchemists: A History and Source Book* (Princeton, NJ: Princeton University Press, 1994).

7) B. Jonson, *The Alchemist* (1610). Available from: http://www.public-library.uk/ebooks/14/35.pdf (accessed 18 August 2017).

8) S. Lee, S. Ditko, *Amazing Fantasy*, no. 15 (15 August 1962); S. Lee, J. Kirby, *The Incredible Hulk*, no. 1 (1 May 1962); S. Lee, J. Kirby, *The Fantastic Four*, no. 1 (1 November 1961); S. Lee, B. Everett, *Daredevil*, no. 1 (1 April 1964); C. Claremont, J. Byrne, *X-Men*, no. 137 (1 September 1980), and *Phoenix: The Untold Story* (1 April 1984).

9) *Godzilla* (1954), dir. Ishiro Honda, Toho Co. Ltd.

10) C. Patterson, 'Age of meteorites and the earth', *Geochimica et Cosmochimica Acta*, vol. 10, no. 4 (1956), pp. 230–7.

11) E. Rutherford, 'The Collision of Alpha-particles with Light Atoms', *Philosophical Magazine*, vol. 37 (1919).

12) 'Public ignorant about radiation dose of mammograph, *Medscape* (12 May 2014). Available from: http://www.medscape.com/viewarticle/824999 (accessed 18 August 2017).

13) Gary Mansfield, 'Banana equivalent dose' (7 March 1995). Available from: http://health.phys.iit.edu/extended_archive/9503/msg00074.html (accessed 18 August 2017).

14) D. R. Corson, K. R. MacKenzie, E. Serge, 'Artificially radioactive element 85', *Physical Review*, vol. 58, no. 8 (1940), pp. 672–8.

15) *Iron Man 2* (2010), dir. Jon Favreau, Paramount Pictures.

16) 'Edwin M. McMillan – facts', *Nobel Prize*. Available from: http://www.nobelprize. org/nobel_prizes/chemistry/laureates/1951/mcmillan-facts.html (accessed 18 August 2017).

17) R. M. Shoch, *Case Studies in Environmental Science* (Eagan, MN: West Publishing Co, 1996).

18) 'Americium', *ACS Publications*. Available from: http://pubs.acs.org/cen/80th/print/ americiumprint.html (accessed 18 August 2017).

19) 'IUPAC announces the names of the elements 113, 115, 117 and 118', *International Union of Pure and Applied Chemistry* (30 November 2016.Available from:https://iupac.org/ iupac-announces-the-names-of-the-elements-113-115-117-and-118 (accessed 18 August 2017).

20) J. Emsley, *Nature's Building Blocks: An A–Z Guide to the Elements* (Oxford: Oxford University Press, 2001).

9장

1) A. K. Geim, M. V. Berry, 'Of flying frogs and levitrons', *European Journal of Physics*, vol. 18, no. 4 (1997), pp. 307 – 13.

2) K. S. Novoselov et al., 'Electric firled effect in atomically thin carbon films', *Science*, vol. 306, no. 5696 (2004), pp. 666 – 9.

3) 'How strong is graphene?', *University of Manchester*. Available from: http://www. graphene.manchester.ac.uk/discover/video-gallery/what-is-graphene/how-strong-is- graphene (accessed 18 August 2017); J. Abraham et al., 'Tunable sieving of ions using graphene oxide membranes', *Nature Nanotechnology*, no. 12 (2017), pp. 546 – 50.

4) 'Properties of stainless steel, metals and other conductive materials', *TibTech Innovations*. Available from: http://www.tibtech.com/conductivity.php (accessed 18

August 2017); 'Understanding graphene', *Graphenea*. Available from: https://www.
graphenea.com/pages/graphene (accessed 18 August 2017).

5) J. Romer, *A History of Ancient Egypt: From the First Farmers to the Great Pyramid* (New York: Thomas Dunne Books, 2013).

6) J. Levy, *Scientific Feuds: From Galileo to the Human Genome Project* (London: New Holland Publishers, 2010). (한국어판: 《과학자들의 대결》, 바이북스, 2016)

7) S. Gray, 'An account of some new electrical experiments', *Philosophical Transactions of the Royal Society of London*, vols 31－3 (1708).

8) D. S. Lemons, *Drawing Physics: 2,600 Years of Discovery from Thales to Higgs* (Cambridge, MA: MIT Press, 2017). (한국어판: 《드로잉 피직스: 물리 2,600년 역사를 바꾼 천재들의 생각 도구》, 레몬컬쳐, 2019)

9) P. Bertucci, 'Sparks in the dark: The attraction of electricity in the eighteenth century', *Endeavour*, vol. 31, no. 3 (2007).

10) C. Brandon, *The Electric Chair: An Unnatural American History* (Jefferson, NC: McFarland, 1999).

11) Levy, *Scientific Feuds; Electrocuting an Elephant* (1903) － *WARNING: Viewer Discretion － Disturbing footage － Thomas Edison*, Change Before Going Productions (16 January 2014). Available from: https://www.youtube.com/watch?v=NoKi4coyFw0 (accessed 18 August 2017).

12) C. S. Combs, *Deathwatch: American Film, Technology and the End of Life* (New York: Columbia University Press, 2014).

13) M. S. Rosenwald, '"Great God, he is alive!" The first man executed by electric chair died slower than Thomas Edison expected', *Washington Post* (28 April 2017).

10장

1) D. Wilson, *A History of British Serial Killing* (London: Sphere, 2011); M. Whittington-

Egan, R. Whittington-Egan, *Murder on File: The World's Most Notorious Killers* (Castle Douglas: Neil Wilson Publishing, 2005).

2) D. H. Ripin, D. A. Evans, 'pK$_a$s of inorganic and oxo-acids', *The Evans Group*. Available from: http://evans.rc.fas.harvard.edu/pdf/evans_pKa_table.pdf (accessed 18 August 2017).

3) Ripin, Evans, 'pK$_a$s of inorganic and oxo-acids'; G. T. Cheek, 'Electrochemical studies of the Fries rearrangement in ionic liquids', *Electrochemical Society Transactions*, vol. 16, no. 49 (2009), pp. 541-4.

4) G. A. Olah, 'My search for carbocatins and their role in chemistry', Nobel Lecture (8 December 1994).

5) 해당 내용을 설명하기 위해 저자는 위키백과의 초강산 관련 페이지를 참조했다. 참조한 웹사이트: https://en.wikipedia.org/wiki/Superacid (accessed 18 August 2017). 위키백과는 다음 논문을 인용했다: G. A. Olah, 'Crossing conventional boundaries in half a century of research', *Journal of Organic Chemistry*, vol. 70, no. 7 (2005), pp. 2413-29, 이 논문에 따르면 플루오로안티몬산은 pK$_a$ 값이 -19로, 황산(pK$_a$=-3) 보다 산성도가 10^{16}배 강하다.

6) T. R. Hogness, E. G. Lunn, 'The ionisation of hydrogen by electron impact as interpreted by positive ray analysis', *Physical Review*, vol. 21, no. 1 (1925), pp. 44-55.

7) 이 값은 보른-하버 사이클을 통해 계산했으며 참조 문헌은 다음과 같다. S. Lias et al., 'Evaluated gas phase basicities and proton affinities of molecules: Heats of formation of protonated molecules', *Journal of Physical and Chemical Reference Data*, vol. 13, no. 3 (1984), p. 695. HHe$^+$ 이온의 용해도와 크기가 리튬 이온과 비슷하다고 가정하자. 표준 온도 및 압력 조건에서 이온 해리에 따른 자유에너지 변화는 -360 kJmol^{-1}, ΔG = -RT lnKa이다. 방정식에 -360/(0.008314×273)를 대입하면 lnKa = 158.6이 도출된다. 그러므로 Ka는 4.15 x10^{68}이다. 이 숫자의 음수 로그 값은 -68.6, 이 값을 반올림하면 -69가 된다.

8) 'Strange but true: Superfluid helium can climb walls', *Scientific American* (20 February 2009). Available from: https://www.scientificamerican.com/article/superfluid-can-climb-walls (accessed 18 August 2017).

11장

1) A. C. Nathwani et al., 'Polonium-210 poisoning: a first-hand account, *The Lancet*, vol. 388, no. 10049 (2016), pp. 1075‒80.

2) R. H. Adamson, 'The acute lethal dose 50 (LD50) of caffeine in albino rats', *Regulatory Toxicology and Pharmacology*, vol. 80 (2016), pp. 274‒6.

3) E. Welsome, *The Plutonium Files: America's Secret Medical Experiments in the Cold War* (New York: The Dial Press, 1999).

4) 납: K. Sujatha et al., 'Lead acetate induced neurotoxicity in Wistar albino rats: A pathological, immunological, and ultrastructural study', *Journal of Pharma and Bio Science*, no. 2 (2011), pp. 459‒62. 알림: 언급한 납의 형태는 아세트산납(lead acetate)이다. 탈륨: Agency for Toxic Substances and Disease Registry, *Toxicological Profile for Thallium* (Atlanta, GA: Agency for Toxic Substances and Disease Registry, 1992). Available from: https://www.atsdr.cdc.gov/ToxProfiles/tp.asp?id=309&tid=49 (accessed 18 August 2017). 알림: 아세트산납과 공평하게 비교하기 위해 탈륨 아세테이트와 비교한다. 비소: H. Marquardt et al., *Toxicology* (Cambridge, MA: Academic Press, 1999). 인: Agency for Toxic Substances and Disease Registry, *Toxicological Profile for White Phosphorus* (Atlanta, GA: Agency for Toxic Substances and Disease Registry, 1997). Available from: https://www.atsdr.cdc.gov/toxprofiles/tp103-c2.pdf (accessed 18 August 2017). 알림: 언급한 LD_{50} 값은 출처가 다음 문헌인 것으로 추정된다: C. C. Lee, *Mammalian Toxicity of Munition compounds. Phase I: Acute Oral Toxicity, Primary Skin and Eye Irritation, Dermal Sensitization, and Disposition and Metabolism*, Report No. 1, AD B011150 (Kansas City, MO: Midwest Research Institute, 1975).

5) S. Ela, 'Experimental study of toxic properties of dimethylcadmium', *Gigiena Truda i Professional'nye Zabolevaniya*, no. 6 (1991), pp. 14 – 17.

6) J. R. Barash, S. S. Arnon, 'A novel strain of clostridium botulinum that produces Type B and Type H botulinum toxins', *The Journal of Infectious Diseases*, vol. 29, no. 2 (2014), pp. 183 – 91.

7) 'Botox OnabotuliniumtoxinA', *Botox*. Available from : http ://www.botox.com (accessed 18 August 2017).

8) C. H. Mayo, interview given in *Northwestern Health Journal* (December 1924).

9) V. Busacchi, 'Vincenzo Menghini and the discovery of iron in the blood', *Bullettino delle science mediche*, vol. 130, no. 2 (1958), pp. 202 – 5.

10) E. Kinne-Saffran, R. K. Kinne, 'Vitalism and synthesis of urea. From Friedrich Wöhler to Hans A. Krebs', *American Journal of Nephrology*, vol. 19, no. 2 (1999), pp. 290 – 4.

11) K. H. Antman, 'Introduction : The history of arsenic trioxide in cancer therapy', *The Oncologist*, vol. 6, no. 2 (2001), pp. 1 – 2.

12) N. C. Lloyd, 'The composition of Ehrlich's salvarsan : Resolution of a century-old debate', *Angewandte Chemie*, vol. 44, no. 6 (2005), pp. 941 – 4.

13) H. P. Chauhan, 'Synthesis, spectroscopic characterization and antibacterial activity of antimony(III)bis(dialkyldithiocarbamato) alkyldithiocarbonates', *Spectrochimica Acta. Part A*, vol. 81, no. 1 (2011), pp. 417 – 23; 'Education in Chemistry – Cerium', *Royal Society of Chemistry*. Available from : https ://eic.rsc.org/elements/cerium/2020005.article (accessed 18 August 2017).

14) 'Getting a tiny bit of this element on your skin will make you reek of garlic for weeks, io9 (13 August 2015). Available from : http ://io9.gizmodo.com/getting-a-tiny-bit-of-this-element-on-your-skin-will-ma-1723949124 (accessed 18 August 2017).

15) R. Hambrecht et al., 'Managing your angina symptoms with nitroglycerin', *Circulation*, no. 127 (2013).

16) V. S. Ramachandran, *Encyclopedia of the Human Brain* (Cambridge, MA: Academic Press, 2002).

17) T. Bartholin, *Historiarum anatomicarum rariorum centuria I et II* (1654). Available from: https://books.google.nl/books?id=NTLAd44hZ4UC&printsec=frontcover&dq=%22Historiarum+anatomicarum+rariorum+centuria+I%22&hl=en&sa=X&ei=6TMLVagK09SgBJvGgaAH&redir_esc=y#v=onepage&q=%22Histor iar um%20anatomicar um%20rar ior um%20cent ur ia%20I%22&f=false (accessed 18 August 2017).

18) 'New light on human torch mystery', *BBC News* (31 August 1998). Available from: http://news.bbc.co.uk/2/hi/uk_news/158853.stm (accessed 18 August 2017).

19) M. Harrison, *Fire from Heaven: A Study of Spontaneous Combustion in Human Beings* (London:Skoob Books, 1990).

20) 'Cause of fire killing woman still mystery', *St Petersburg Times*, Section 2 (4 July 1951). Available from: https://news.google.com/newspapers?nid=888&dat=1951 0704&id=rwRZAAAAIBAJ&sjid=lE8DAAAAIBAJ&pg=3085,1265930&hl=en (accessed 18 August 2017).

21) Garth Haslam, '1951, July 1: Mary Reeser's fiery death', *Anomalies:The Strange and Unexplained*. Available from: http://anomalyinfo.com/Stories/1951-july-1-mary-reesers-strange-death (accessed 18 August 2017).

22) L. E. Arnold, *Ablaze! The Mysterious Fires of Spontaneous Human Combustion* (New York: M. Evans and Co., 1995).

23) J. Randles, P. Hough, *Spontaneous Human Combustion* (London:Robert Hale Ltd, 2007).

24) G. Whitley, 'Garston Church' (1867–74), *Speke Archive Online*. Available from:

http://spekearchiveonline.co.uk/garston_church.htm (accessed 18 August 2017).

25) G. Gassmann, D. Glindemann, 'Phosphane (PH_3) in the biosphere', *Angewandte Chemie*, vol. 32, no. 5 (1993), pp. 761 - 3.

12장

1) 'Pitch Drop Demonstration', *National Museums Scotland*. Available from: https://www.nms.ac.uk/explore-our-collections/stories/science-and-technology/made-in-scotland-changing-the-world/scottish-science-innovations/pitch-drop-demonstration (accessed 9 September 2017).

2) 'Bart the Lover', *The Simpsons*, season 3, episode 16, dir. Carlos Baeza (original airdate 13 February 1992).

3) J. Emsley, *Nature's Building Blocks: An A–Z Guide to the Elements* (Oxford: Oxford University Press, 2001).

4) E. Barrett, J. Mingo, *Not Another Apple for the Teacher: Hundreds of Fascinating Facts from the World of Education* (Newburyport, MA: Conari Press, 2002).

5) 'The story of how the tin can nearly wasn't', *BBC News* (21 April 2013). Available from: http://www.bbc.com/news/magazine-21689069 (accessed 18 August 2017).

6) Adapted from 'Gold fun facts', *American Museum of Natural History*. Available from: http://www.amnh.org/exhibitions/gold/eureka/gold-fun-facts (accessed 18 August 2017).

7) Adapted from R. O'Connell et al., *GFMS Gold Survey 2016* (New York: Thomson Reuters, 2016).

8) 'The history of money', *The Mint of Finland*. Available from: https://www.suomenrahapaja.fi/eng/about_money/the_history_of_money (accessed 18 August 2017); E. M. Green, *Lady Midrash: Poems Reclaiming the Voices of Biblical Women* (Eugene, OR: Wipf and Stock, 2016).

9) J. O. Nriagu, 'Saturnine gout among Roman aristocrats — did lead poisoning contribute to the fall of the empire?', *New England Journal of Medicine*, no. 308 (1983), pp. 660 – 3.

10) H. Needleman, 'Low level lead exposure: History and discovery', *Annals of Epidemiology*, vol. 19, no. 4 (2009), pp. 235 – 8; H. Delile et al., 'Lead in ancient Rome's city waters', *PNAS*, vol. 11, no. 18 (2014), pp. 6594 – 9.

11) D. Childress, *Johannes Gutenberg and the Printing Press* (Minneapolis, MN: Twenty First Century Books, 2008).

12) A. Gallop, 'Mortality improvements and evolution of life expectancies', *Actuary, Pensions Policy, Demography and Statistics* (London: Government Actuary's Department, 2006).

13) G. W. Beardsley, 'The 1832 cholera epidemic', *Early America Review*, vol. 4, no. 1 (2000).

14) 'Measles' and 'Frequently asked questions and answers on smallpox', *World Health Organization*. Available from: http://www.who.int/mediacentre/factsheets/fs286/en/ and available from: http://www.who.int/csr/disease/smallpox/faq/en (accessed 18 August 2017).

15) D. Charles, *Between Genius and Genocide: The Tragedy of Fritz Haber, Father of Chemical Warfare* (London: Jonathan Cape, 2005).

16) 'How much water does the average person use at home per day?', *United States Geological Survey*. Available from: https://water.usgs.gov/edu/qa-home-percapita.html (accessed 18 August 2017).

17) T. P. Garrett, 'The wonderful development of photography', *The Art World*, vol. 2, no. 5 (1917), pp. 489 – 91.

18) Stephen Herbert, 'Wordsworth Donisthorpe', *Who's Who of Victorian Cinema* (2000). Available from: http://www.victorian-cinema.net/donisthorpe (accessed 18 August

2017).

19) J. Watson, *DNA:The Secret of Life* (London: Arrow Books, 2003). (한국어판: 《DNA : 생명의 비밀》, 까치, 2003)

20) 'U.S. Nuclear Weapons Capability', *2017 Index of U.S. Military Strength* (2017). Available from: http://index.heritage.org/military/2017/assessments/us-military-power/u-s-nuclear-weapons-capability (accessed 18 August 2017).

21) *J. Robert Oppenheimer: 'I am become death, the destroyer of worlds'*, Plenilune pictures, (6 August 2011). Available from: https://www.youtube.com/watch?v=lb13ynu3Iac (accessed 18 August 2017).

22) J. N. Shurkin, *Broken Genius:The Rise and Fall of William Shockley,Creator of the Electronic Age* (London: Macmillan, 2006).

23) A. Usanov et al., *Coltan, Congo & Conflict: Polinares Case Study* (The Hague: The Hague Centre for Strategic Studies, no. 21.05.13, 2013); E. Sutherland, 'Coltan, the Congo and your cell phone: the connection between your mobile phone and human rights abuses in Africa', *MIT* (2016). Available from: http://web.mit.edu/12.000/www/m2016/pdf/coltan.pdf (accessed 18 August 2017).

24) D. Grossmann, C. Ganz, P. Russell, *Zeppelin Hindenburg:An Illustrated History of LZ-129* (Stroud: The History Press, 2017).

25) O. A. Hurricane et al., 'Fuel gain exceeding unity in an inertially confined fusion implosion', *Nature*, vol. 506 (2014), pp. 343 – 7.

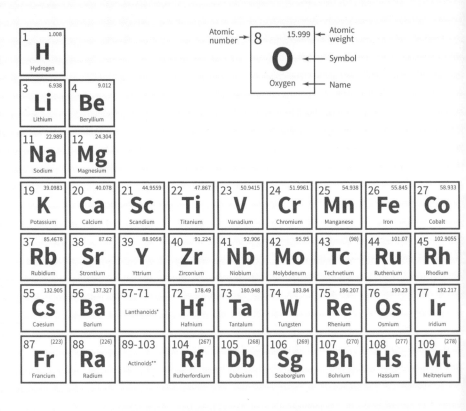

								2 4.0026 **He** Helium
		5 10.806 **B** Boron	6 12.0096 **C** Carbon	7 14.0064 **N** Nitrogen	8 15.999 **O** Oxygen	9 18.998 **F** Fluorine	10 20.1797 **Ne** Neon
		13 26.9815 **Al** Aluminium	14 28.084 **Si** Silicon	15 30.974 **P** Phosphorus	16 32.059 **S** Sulfur	17 35.446 **Cl** Chlorine	18 39.948 **Ar** Argon

28 58.6934 **Ni** Nickel	29 63.546 **Cu** Copper	30 65.38 **Zn** Zinc	31 69.723 **Ga** Gallium	32 72.630 **Ge** Germanium	33 74.922 **As** Arsenic	34 78.971 **Se** Selenium	35 79.901 **Br** Bromine	36 83.798 **Kr** Krypton
46 106.42 **Pd** Palladium	47 107.8682 **Ag** Silver	48 112.414 **Cd** Cadmium	49 114.818 **In** Indium	50 118.710 **Sn** Tin	51 121.760 **Sb** Antimony	52 127.60 **Te** Tellurium	53 126.904 **I** Iodine	54 131.293 **Xe** Xenon
78 195.084 **Pt** Platinum	79 196.967 **Au** Gold	80 200.592 **Hg** Mercury	81 204.382 **Tl** Thallium	82 207.2 **Pb** Lead	83 208.980 **Bi** Bismuth	84 (209) **Po** Polonium	85 (210) **At** Astatine	86 (222) **Rn** Radon
110 (281) **Ds** Darmstadtium	111 (282) **Rg** Roentgenium	112 (285) **Cn** Copernicium	113 (286) **Nh** Nihonium	114 (289) **Fl** Flerovium	115 (290) **Mc** Moscovium	116 (293) **Lv** Livermorium	117 (294) **Ts** Tennessine	118 (294) **Og** Oganesson

64 157.25 **Gd** Gadolinium	65 158.925 **Tb** Terbium	66 162.500 **Dy** Dysprosium	67 164.930 **Ho** Holmium	68 167.259 **Er** Erbium	69 168.934 **Tm** Thulium	70 173.045 **Yb** Ytterbium	71 174.9668 **Lu** Lutetium
96 (247) **Cm** Curium	97 (247) **Bk** Berkelium	98 (251) **Cf** Californium	99 (252) **Es** Einsteinium	100 (257) **Fm** Fermium	101 (258) **Md** Mendelevium	102 (259) **No** Nobelium	103 (266) **Lr** Lawrencium